아메리칸 쿠키

애메리칸 쿠키

초판 1쇄 발행 2022년 4월 20일
초판 3쇄 발행 2023년 1월 13일

지은이 까망레시피, 호야

발행인 장상진
발행처 (주)경향비피
등록번호 제2012-000228호
등록일자 2012년 7월 2일

주소 서울시 영등포구 양평동 2가 37-1번지 동아프라임밸리 507-508호
전화 1644-5613 | **팩스** 02) 304-5613

ⓒ김진호, 주선화

ISBN 978-89-6952-502-4 13590

AMERICAN COOKIE

➽ 아메리칸 쿠키 ➽

까망레시피, 호야 지음

초보자도 쉽게 따라 할 수 있는
홈베이킹 카페 디저트 레시피

경향BP

PROLOGUE

"내가 만든 반죽이 오븐 속에서 부풀어 올랐을 때 심장이 벅찼어요."

문득 쿠키를 만들고 싶다는 생각이 들던 날이었어요. 밀가루를 계량하고 버터를 썰고 재료를 준비하던 중 많은 양의 설탕을 필요로 하는 것을 보고 멈칫했어요. 저는 강한 단맛을 좋아하지 않아 평소에 쿠키를 즐겨 먹지 않았거든요. 그날부터 설탕을 줄인 레시피를 만들기 위해 밤낮을 가리지 않고 많은 쿠키를 구우며 연구했어요.

베이킹에 빠져들었던 가장 큰 이유는 알지 못하는 세계에서 한없이 어린아이같이 새로웠고 즐거웠기 때문이에요. 앞서는 마음에 비해 많은 시행착오가 있었어요. 큰 맘 먹고 도전한 베이킹에서 실패를 경험하는 것은 누구에게나 있는 일이랍니다. 그런 베이킹의 세계에서 '실패 없이'라는 수식어가 붙길 바라는 마음에 이해하기 쉽게 그리고 정확하게 전달하려 노력했습니다.

이 책에서는 유튜브 '까망레시피'에서 소개한 쿠키 레시피를 포함하여 19종의 레시피를 준비했습니다. 베이킹을 처음 도전하는 분들, 쿠키를 사랑하는 분들에게 도움이 되길 바랍니다.

책을 준비하는 동안 가장 가까이서 응원해 준 예비신랑과 가족들, 냉철한 피드백을 해 준 소은이와 재원이에게 고마움을 전합니다. 그리고 함께 작업한 호야TV 진호 님에게도 감사한 마음을 표합니다.

까망레시피

'10년 전 미국 여행에서 경험한 충격적인 그 맛'을 지금도 잊지 못해요. 생각해 보면 그때의 짜릿한 한 입이 제가 지금 베이킹을 하게 된 이유인 것 같아요.
시간이 흐르면서 우리나라에서도 아메리칸 쿠키에 대한 관심이 많아졌고, 이렇게 아메리칸 쿠키 레시피 책을 만들 수 있는 기회가 생겨서 무척 행복합니다.

쿠키는 정확한 답이 없어 베이킹을 할 때 참 어려운 품목 중 하나라고 생각합니다.
같은 레시피라 해도 만드는 사람에 따라서 결과물이 전혀 다른 경우가 참 많지요.
이 책에는 여러분이 그런 어려움을 겪지 않도록 쉽고 간단하면서도 실패가 없는 쿠키 레시피들로 구성했습니다.

홈베이킹부터 매장에서도 판매할 수 있는 호야의 19가지 아메리칸 쿠키 레시피로 즐거운 베이킹을 하길 바랍니다.
여러분의 즐거운 베이킹에 저의 레시피가 '짜릿한 한 입'이 되기를 소망합니다.

이 책을 준비하며 가장 가까운 곳에서 도움을 준 예비신부를 비롯하여 여러분께 감사한 마음을 전합니다. 함께 작업한 까망레시피 선화 님에게도 감사한 마음을 표합니다.

호야

CONTENTS

PART 1
까망레시피 아메리칸 쿠키

PART 2
호야 아메리칸 쿠키

아메리칸 쿠키의 기본 재료

[밀가루, 파우더]

중력분

글루텐 함량이 9~11% 정도이며, 박력분보다 묵직하고 꾸덕꾸덕한 식감의 쿠키를 만들 때 사용한다. 박력분보다 조직이 튼튼해 크림치즈, 누텔라, 잼이 들어간 쿠키에 사용하면 좋다.

박력분

글루텐 함량이 7~8% 정도이며, 글루텐 함량이 낮아 상대적으로 납작하게 퍼지는 쿠키를 만들 때 사용한다. 같은 레시피를 사용했을 때 중력분보다 겉면은 바삭하고 속은 가벼운 식감이 만들어진다.

코코아 분말

카카오 페이스트를 압착하여 카카오버터를 제거하고 곱게 분쇄한 분말로 약간의 붉은 갈색을 띠며 카카오의 풍미가 진하고 쓴맛이 난다. 초콜릿 제품이 들어가는 레시피에 같이 사용한다. 카카오버터를 제거해도 20% 정도의 지방을 함유하여 식감을 부드럽게 만든다. 이 책에서는 발로나 제품을 사용했다.

흑설탕　　흰설탕　　황설탕　　박력분　　중력분

슈가파우더　　황치즈 분말　　말차 분말　　블랙 코코아 분말　　코코아 분말

베이킹소다　　베이킹파우더　　시나몬파우더　　꿀

블랙 코코아 분말

코코아 분말을 만들 때 pH(수소이온농도)를 조절하여 더욱 진한 색으로 만든 코코아 분말이다. 일반 코코아 분말보다 맛은 더 진하지만 풍미는 떨어진다. 오레오나 누텔라 제품에 사용하면 잘 어울린다. 이 책에서는 선인 제품을 사용했다.

말차 분말

녹차가 어릴 때 빛을 차단하여 찻잎의 엽록소를 직접 형성해 일반 녹차보다 색이 진하고 떫은맛도 적다. 쿠키에 사용하면 녹차보다 색이 더 예쁘게 나오고 향이나 맛도 더 좋은 쿠키를 만들 수 있다.

황치즈 분말

기성품으로 나온 황색 치즈 분말이다. 단짠단짠 맛이며, 쿠키에 사용하면 꾸덕꾸덕한 식감과 진한 맛의 쿠키를 만들 수 있다.

슈가파우더, 분당

슈가파우더는 설탕과 약간의 전분을 곱게 갈아서 만든다. 전분 없이 설탕만 곱게 간 건 분당이라고 부른다. 분당은 수분에 약해 금세 덩어리지지만, 슈가파우더는 전분이 뭉치는 현상을 막아 주어 작업하기 편하고 유통기한도 더 길다.

시나몬 파우더

계피 분말이라고도 부르지만 실제로 계피는 '카시아', 시나몬은 '실론'으로 같은 녹나무이지만 '종'이 다르다. 계피 분말인 '카시아'는 매운맛과 향이 강하고, 시나몬 분말인 '실론'은 단맛이 강하고 향이 부드럽다. 쿠키에 계피나 시나몬을 넣으면 잡맛을 잡아 주고 특유의 진한 풍미를 더할 수 있다. 이 책에서는 시나몬 파우더를 사용했다.

베이킹소다

가장 기본적인 화학 팽창제로 반죽을 부풀리는 것 외에도 알칼리성이 강해 반죽의 pH 조절 및 제품의 색을 조절할 때 많이 사용한다. 팽창력은 베이킹파우더보다 약하며 옆으로 퍼지는 성질이 강한 편이다. 베이킹파우더의 주재료이다.

[감미료]

베이킹파우더

베이킹에서 제품의 크기를 부풀리는 팽창제이다. 베이킹소다에 산성 재료(주석산)와 전분을 섞어 베이킹소다보다 더욱 안정적이고 팽창력이 우수하며 위로 부풀어 오르는 성질이 강하다. 알루미늄이 없는 알루미늄 프리 베이킹파우더를 사용하는 것을 추천한다.

백설탕

베이킹에서 가장 기본적인 재료이다. 깔끔하고 강한 단맛을 내며 수분 보유력을 높여 제품을 촉촉하게 유지시켜 준다. 쿠키의 바삭한 크러스트는 설탕의 역할이 커서 무리하게 줄이거나 늘리지 않도록 주의한다.

황설탕

정제 과정에서 열을 가해 연한 갈색을 띠며 백설탕보다 감칠맛이 더 좋고 원당의 향이 느껴지는 설탕이다. 바닐라, 초콜릿, 견과류를 사용한 쿠키와 잘 어울린다.

흑설탕

당밀을 분리하지 않은 함밀당으로서 불순물과 수분을 많이 포함하여 쿠키에 쫀득한 식감을 만든다. 무기질 함량이 높아 원당 특유의 당밀 냄새가 나며 백설탕보다 당도는 낮지만 감칠맛이 높은 편이라 진한 맛을 내는 쿠키에 주로 사용한다.

꿀

과당으로 당분이 가장 높다. 특유의 향과 수분감이 높아 쿠키에 사용하면 달콤하고 쫀득한 쿠키를 만들 수 있다. 인공 꿀과 자연 꿀이 있는데 자연 꿀을 사용하는 걸 추천한다. 레시피에 너무 과하게 사용하면 쿠키가 납작해질 수 있으니 주의한다.

무염버터

80% 이상의 유지방과 수분, 약간의 유당과 유단백이 들어 있는 순수한 버터이다. 빵이나 과자에는 소금기가 없는 버터를 사용하며 더 좋은 풍미를 원한다면 무염발효버터를 사용하는 걸 추천한다. 이 책에서는 앵커버터, 오 셀카 버터를 사용했다.

무염버터
생크림
반건조 무화과
레인보 시리얼
캐슈넛
녹인 버터
바닐라 익스트랙
커피 액기스
피칸
호두
라즈베리잼
카야잼
다크 초콜릿
땅콩버터
민트 익스트랙
크림치즈
밀크 초콜릿
헤이즐넛 버터
누델라
피넛버터 칩
다크초코정크칩
화이트 초콜릿

녹인 버터

무염버터를 녹인 상태로 같은 레시피 기준으로 더 묵직하고 쫀득한 식감의 쿠키를 만들 때 사용한다. 녹인 버터 쿠키를 만들 때는 너무 뜨겁지 않게 35~40℃로 사용하는 게 좋다.

헤이즐넛 버터

유지방 80% 버터를 가열해 수분, 유당, 유단백을 제거한 순수한 기름이다. 100%의 버터를 가열하면 약 80%의 브라운 버터가 만들어지는데 헤이즐넛 버터는 버터에 있는 유당과 유단백이 열을 만나 캐러멜라이징이 일어나 특유의 헤이즐넛 향이 난다. 제품에 고급스러운 풍미를 주며, 수분이 적어 유통기한이 길다.

크림치즈

크림과 우유를 섞어서 만든 치즈로 숙성되지 않아 맛이 깔끔하고 부드럽다. 약간의 신맛이 나며 끝 맛은 진한 우유 향이 나고 고소하다. 수분감이 높아 촉촉한 쿠키를 만들 때 사용한다. 이 책에서는 필라델피아 크림치즈, 끼리 크림치즈를 사용했다.

[부재료]

라즈베리잼

라즈베리와 설탕, 약간의 레몬즙으로 만든다. 딸기잼보다 맛이 진하고 상큼하며 땅콩버터, 초콜릿을 사용한 맛이 진한 쿠키에 잘 어울린다. 만들어 사용하는 것이 가장 맛이 좋지만 기성품을 사용해도 좋다. 기성품으로는 선인 산딸기잼 제품을 추천한다.

땅콩버터

땅콩잼이라고도 부른다. 크리미 땅콩버터, 크런치 땅콩버터 2가지가 있는데, 크리미 제품은 땅콩의 입자가 없이 부드러운 식감이며, 크런치는 잘게 다진 땅콩이 첨가되어 씹는 맛이 있다. 쿠키에는 크런치 땅콩버터를 사용하는 게 더욱 맛이 좋다.

바닐라 익스트랙

바닐라빈을 40% 이상의 보드카에 담가 1년 이상 숙성하여 만든 천연 향료이다. 제품에 바닐라 향을 더해 준다. 합성 향료를 사용할 경우 바닐라 오일을 동량으로 대체할 수 있다. 바닐라 에센스는 열에 약해 추천하지 않는다.

민트 익스트랙

재료에 민트향을 더해 주는 제품이다. 합성향이 아닌 천연 추출물이 들어 있는 제품을 사용하는 게 좋다.

커피 엑기스

커피, 설탕, 물, 커피향을 첨가해서 만든 제품이다. 커피를 녹이거나 갈아서 사용하는 번거로움 없이 편하게 사용하기 좋다.

생크림

원유에서 유지방을 추출한 형태이다. 유지방 36% 이상의 동물성 생크림을 사용하는 걸 추천한다.

누텔라

헤이즐넛과 초콜릿을 사용해 만든 잼이다. 악마의 잼이라고 불릴 정도로 기분 좋은 단맛과 고소한 헤이즐넛향이 특징이다. 열에 강해 쿠키에 넣고 구워도 보형성이 좋다.

카야잼

코코넛, 설탕, 달걀로 만들어진 잼이다. 고소하고 풍미가 좋아 코코넛을 싫어하는 사람도 쉽게 접할 수 있다. 그린 카야잼, 브라운 카야잼 2가지가 있는데, 그린은 깔끔하고, 브라운은 풍미가 진하다. 이 책에서는 브라운 카야잼을 사용했다.

[초콜릿]

다크 초콜릿

카카오 매스 함량이 20%(한국), 15%(미국), 35%(유럽) 이상 함유된 초콜릿이다. 화이트 밀크에 비해 단맛이 적고 카카오 맛과 향이 강하다. 이 책에서는 작은 코인으로 나온 깔리바우트 다크 초콜릿을 사용했다. 판 초콜릿이나 1cm 이상의 큰 코인 초콜릿은 쿠키의 일정한 퍼짐에 영향을 주기 때문에 잘게 다져서 사용해야 한다.

밀크 초콜릿

카카오 매스 함량이 10~40% 함유된 초콜릿이다. 분유가 들어 있어 부드럽고 우유 맛이 난다. 카카오 함량이 높을수록 맛과 향이 좋기 때문에 함량이 높은 제품을 사용하는 걸 추천한다. 이 책에서는 깔리바우트 밀크 초콜릿, 발로나 지바라를 사용했다.

화이트 초콜릿

카카오버터가 20~30% 정도이며 카카오 매스가 들어 있지 않다. 밀크, 다크 초콜릿과 비교했을 때 가장 달고 부드러운 맛을 낸다. 전체적으로 하얀색을 띠지만 아이보리색의 화이트 초콜릿이 맛이나 품질이 더 좋다. 이 책에서는 깔리바우트 화이트 초콜릿, 발로나 이보아르를 사용했다.

다크 초코 청크

초콜릿에 열 코팅이 되어 있어 오븐에 구웠을 때 말랑해지지만 모양은 그대로 유지한다. 커버처 초콜릿에 비해 맛은 떨어지지만 구웠을 때 모양 유지가 뛰어나 쿠키 윗면 장식에 많이 사용한다. 열에 강해 흐르지는 않지만 오븐에서 나오자마자는 말랑거리는 상태이므로 모양이 흐트러지지 않도록 주의한다.

레인보 시리얼

여러 가지 과일 맛이 나는 예쁜 시리얼이다. 이 책에서는 프루티 페블을 사용했다.

[견과류 및 건과일]

호두

소화와 흡수가 잘 되는 단백질이 다량 들어 있고 구웠을 때 껍질에 쌉싸름한 맛과 고소한 풍미가 있다. 호두는 따뜻한 물에 3~4번 헹궈 체에 밭쳐 물기를 뺀 후 오븐에 바삭하게 구워 사용하면 더욱 깔끔하고 맛있다.

피칸

호두와 비슷한 모양인데 호두보다 담백하고 고소하며 특유의 고급스럽고 다크한 풍미가 있다. 흑설탕이나 초콜릿과 잘 어울리며 모양이 예뻐 쿠키 위에 장식하기에 좋다.

캐슈넛

바나나처럼 구부러진 모양의 견과류이다. 일반 견과류에 비해 식감이 부드럽고 특유의 향이 있다. 오븐이나 프라이팬에 살짝 구워서 사용한다.

반건조 무화과

무화과를 건조한 제품이다. 수분감이 있어 부드럽고 쫀득하며 씨가 톡톡 씹히는 식감이 인상적이다. 꼭지는 딱딱하니 제거해서 사용하며, 어두운 색보다는 밝은 갈색 제품을 사용하는 게 좋다.

아메리칸 쿠키의 기본 도구

믹싱볼
재료를 섞어 반죽을 만들 때 사용한다. 섞을 때 재료가 넘칠 수 있으므로 반죽보다 큰 것을 추천한다. 크기별로 준비해 두면 편리하다.

냄비
버터를 녹이거나 잼, 시럽, 커드를 만들 때 사용한다. 내용물이 잘 보일 수 있도록 밝은 색상을 추천한다.

체
모든 가루 재료는 뭉치지 않도록 체에 내려 사용한다. 그밖에 잼이나 커드, 장식용 슈가파우더를 뿌리는 용도의 작은 사이즈를 하나 더 준비하면 편리하다.

핸드믹서
재료를 간편하게 섞을 때 사용한다. 속도가 여러 단계로 나뉜 제품을 추천한다.

거품기
버터나 달걀을 풀 때
사용한다.

실리콘 주걱(대/소)
재료를 섞고 반죽을
깔끔하게 정리할 때
사용한다.

스탠드믹서
대량의 쿠키 반죽을 안정적으로 만들 때 사용한다.
기계가 도는 동안 다른 작업을 할 수 있다. 쿠키 반
죽은 대부분 되직한 편이라 모터의 마력이 170W 이
상의 제품을 사용하는 게 좋다.

사진 출처 (주)스파코리아

스쿱
쿠키 반죽이나
부재료를 분할
할 때 사용한다.

온도계
재료나 반죽의 온도를
확인할 때 사용한다.

전자저울
재료의 무게를 측정할 때 사용한다. 정확하게 계량해
야 맛있는 쿠키를 만들 수 있다.

오븐팬
반죽을 올려 오븐에 넣을 때 사용한다.

테프론시트
오븐에 구울 때 팬에 쿠키
가 달라붙지 않도록 도와
준다. 사용 후 세척하여 재
사용할 수 있다. 테프론시
트 대신 1회용 유산지를 사
용해도 된다.

식힘망
(스테인리스 트레이)
타공 팬처럼 구워 낸 쿠키를
올려 식히거나, 쿠키에 초콜
릿 코팅 및 글레이즈 작업을
할 때 사용한다. 뜨거운 팬
을 올려 두기에도 좋다.

타공팬

오븐에서 구워 낸 뜨거운 쿠키를 올려 식힐 때 사용한다. 바닥에 구멍이
있어 공기 순환을 도와 쿠키 바닥에 습기가 생기지 않는다.

쿠키 만들 때 이것만은 기억해요!

쿠키를 굽기 전에 다음 6가지는 꼭 기억해 주세요.

1
베이킹의 시작은 재료 준비입니다.

사용되는 재료의 맛은 쿠키의 맛을 좌우합니다. 토핑 재료도 단독으로 먹었을 때 맛있는 것이 더 맛있는 쿠키를 만들어 냅니다. 레시피를 정독한 후 재료 계량을 정확하게 해 주세요.

2
버터와 달걀 상태를 체크해 주세요.

이 책에서 다루는 쿠키는 상온 버터, 녹인 버터, 브라운 버터입니다. 레시피에 따라 버터를 준비하고 달걀은 30분 이상 상온에 꺼내 두어 비슷한 온도를 맞추어 주세요.

3
과하지 않게 대충대충 섞어 주세요.

달걀과 가루 재료를 넣은 뒤 과하게 섞으면 쿠키가 푸석하고 퍼지게 돼요. 달걀은 섞일 정도까지만, 가루 재료는 날가루가 보이지 않을 정도까지만 섞어 주세요.

TIP 견과류나 초콜릿을 넣을 경우에는 날가루가 조금 남았을 때 넣고 섞어야 과믹싱을 막을 수 있어요.

TIP 온도 손실이 많은 오븐을 사용할 경우에는 10~20℃ 더 높게 설정하여 예열한 뒤 180℃로 낮추어 구워 주세요.

4
모든 가루 재료는 체에 내려 주세요.

반죽에 사용되는 가루 재료는 미리 체로 쳐서 준비해 주세요.

5
오븐 예열은 필수입니다.

오븐은 쿠키를 굽기 최소 30분 전에 충분히 예열해 주세요. 연속하여 쿠키를 구울 경우에는 문을 여닫으며 떨어진 온도가 정상 범위에 도달할 때까지 다시 예열해 주어야 쿠키의 과도한 퍼짐을 방지할 수 있습니다.

6
오븐에 쿠키가 들어가면 오븐을 떠나지 마세요.

쿠키의 식감은 굽는 시간에 달려 있습니다. 윤기가 사라지고 구운 색이 났다면 맛있는 쿠키를 만날 시간입니다. 오븐 기종과 반죽 크기에 따라 온도와 시간을 체크해 주세요.

PART 1
까망레시피 아메리칸 쿠키

Classic Chocolate Chip Cookie
클래식 초코칩 쿠키

클래식 초코칩 쿠키

겉은 바삭하고 속은 촉촉한, 가장 기본적인 아메리칸 쿠키입니다. 기본 레시피에 토핑을 추가하여 다양한 쿠키를 만들 수 있습니다. 단단한 쿠키를 원한다면 굽는 시간을 조절하여 만들어 보세요.

Ingredient

[10개 분량]

녹인 버터 220g, 소금 2g, 흑설탕 140g, 백설탕 50g, 꿀 20g, 바닐라 익스트랙 3g, 상온 달걀 2개

가루 재료 | 중력분 330g, 옥수수 전분 10g, 베이킹소다 4g

충전물 | 청크 초콜릿 90g, 다크 초코칩 90g

Preparation

01 버터는 중탕 또는 전자레인지에서 30초 – 추가 10초씩 돌려 완벽하게 녹인 뒤 25~30℃로 준비해 주세요.

02 모든 가루 재료를 고르게 섞은 뒤 체에 1회 내려 주세요.

— How to Make —

01-02 큰 볼에 녹인 버터, 소금, 흑설탕, 백설탕, 꿀, 바닐라 익스트랙을 넣고 거품기로 20회 섞어 주세요.

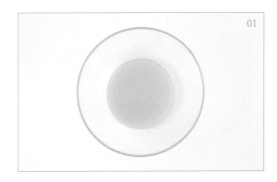

03 상온 달걀 2개를 넣고 거품기로 25~30회(완전히 혼합) 섞어 주세요.

04 거품기를 제거하고 체에 내린 가루 재료를 모두 넣고 주걱으로 90%까지 섞어 주세요.

　　TIP 볼 바닥과 벽면은 쓸어 올리고 덩어리진 부분은 주걱 날로 자르듯 섞어 주세요.

05 날가루가 10% 남아 있을 때(90% 혼합) 청크 초콜릿과 다크 초코칩을 넣고 날가루가 보이지 않을 때까지 주걱으로 섞어 주세요.

06 휴지 완성된 반죽을 냉장실에서 30분 이상 휴지해 주세요.

07 휴지한 반죽을 100~110g씩 10개로 분할하여 동그랗게 만든 뒤 손바닥으로 살짝 눌러 주세요.

　　TIP 구우면서 반죽이 커지기 때문에 3~5cm 이상의 간격이 필요해요.

08 180℃로 예열된 오븐에 8~10분 구워 주세요(구운 뒤 팬에서 5~10분 기다린 뒤 옮겨 주세요).

　　TIP 테두리가 갈색이 될 때까지 구워 주세요.

Triple Chocolate Cookie
트리플 초코 쿠키

트리플 초코 쿠키

초콜릿의 달콤함을 느낄 수 있는 쿠키입니다. 카카오닙스를 함께 넣어 쌉싸름한 맛을 추가했습니다. 토핑으로 얹는 초콜릿을 조절하여 원하는 단맛을 조절하세요.

Ingredient

[10개 분량]

녹인 버터 220g, 소금 2g, 흑설탕 100g, 황설탕 60g, 꿀 20g,
바닐라 익스트랙 3g, 상온 달걀 2개
가루 재료 | 중력분 280g, 코코아 분말 50g, 옥수수 전분 10g, 베이킹소다 4g
충전물 | 청크 초콜릿 70g, 다크 초콜릿 70g
토핑 재료 | 발로나 초콜릿 25개, 카카오닙스 5g

Preparation

01 버터는 중탕 또는 전자레인지에서 30초 – 추가 10초씩 돌려 완벽하게 녹인 뒤 25~30℃로 준비해 주세요.

02 모든 가루 재료를 고르게 섞은 뒤 체에 1회 내려 주세요.

— **How to Make** —

01-02 큰 볼에 녹인 버터, 소금, 흑설탕, 황설탕, 꿀, 바닐라 익스트랙을 넣고 거품기로 20회 섞어 주세요.

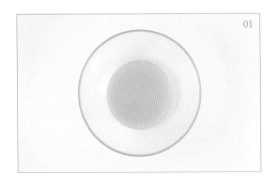

03 상온 달걀 2개를 넣고 거품기로 25~30회(완전히 혼합) 섞어 주세요.

04 거품기를 제거하고 체에 내린 가루 재료를 모두 넣고 주걱으로 90%까지 섞어 주세요.

　　TIP 볼 바닥과 벽면은 쓸어 올리고 덩어리진 부분은 주걱 날로 자르듯 섞어 주세요.

05 날가루가 10% 남아 있을 때(90% 혼합) 청크 초콜릿과 다크 초코칩, 카카오닙스를 넣고 날가루가 보이지 않을 때까지 주걱으로 섞어 주세요.

06 휴지 완성된 반죽을 냉장실에서 30분 이상 휴지해 주세요.

07 휴지한 반죽을 100~110g씩 10개로 분할하여 동그랗게 만든 뒤 손바닥으로 살짝 눌러 주세요. 카카오닙스 조금과 토핑용 발로나 초콜릿을 2.5개씩 누르며 올려 주세요.

　　TIP 구우면서 반죽이 커지기 때문에 3~5cm 이상의 간격이 필요해요.

08 180℃로 예열된 오븐에 8~10분 구워 주세요(구운 뒤 팬에서 5~10분 기다린 뒤 옮겨 주세요).

　　TIP 코코아 분말이 들어간 진한 반죽은 색상으로 확인이 어려우니 반죽에서 윤기가 사라지고 난 뒤 추가로 1~2분 더 구워 주세요.

Macadamia & Matcha Cookie
마카다미아 말차 쿠키

마카다미아 말차 쿠키

말차 쿠키 속에 견과류와 초콜릿을 넣어 완성한 쿠키입니다. 속재료를 듬뿍 넣어 퍼짐이 적은 레시피입니다. 먹을 때마다 단단하고 즐거운 식감을 더해 줄 거예요.

Ingredient

10개 분량

녹인 버터 220g, 소금 2g, 황설탕 120g, 백설탕 50g, 연유 30g, 바닐라 익스트랙 3g, 상온 달걀 2개

가루 재료 | 중력분 320g, 말차 분말 30g, 옥수수 전분 10g, 베이킹소다 4g

충전물 | 화이트 청크 초콜릿 50g, 마카다미아 30g, 호두 70g

토핑 재료 | 마카다미아 10개, 호두 10개

Preparation

01 버터는 중탕 또는 전자레인지에서 30초 – 추가 10초씩 돌려 완벽하게 녹인 뒤 25~30℃로 준비해 주세요.

02 모든 가루 재료를 고르게 섞은 뒤 체에 1회 내려 주세요.

— How to Make —

01-02 큰 볼에 녹인 버터, 소금, 황설탕, 백설탕, 연유, 바닐라 익스트랙을 넣고 거품기로 20회 섞어 주세요.

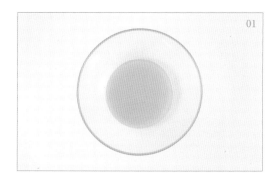

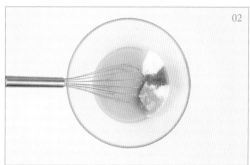

03 상온 달걀 2개를 넣고 거품기로 25~30회(완전히 혼합) 섞어 주세요.

04 거품기를 제거하고 체에 내린 가루 재료를 모두 넣고 주걱으로 90%까지 섞어 주세요.

    TIP 볼 바닥과 벽면은 쓸어 올리고 덩어리진 부분은 주걱 날로 자르듯 섞어 주세요.

05 날가루가 10% 남아 있을 때(90% 혼합) 화이트 청크 초콜릿과 마카다미아, 호두를 넣고 날가루가 보이지 않을 때까지 주걱으로 섞어 주세요.

    TIP 호두는 손으로 2~3등분하여 사용하세요.

06 휴지 완성된 반죽을 냉장실에서 30분 이상 휴지해 주세요.

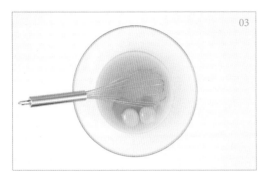

07 휴지한 반죽을 100~110g씩 10개로 분할하여 동그랗게 만든 뒤 손바닥으로 살짝 눌러 주세요. 토핑용 마카다미아와 호두를 1개씩 누르며 올려 주세요.

    TIP 구우면서 반죽이 커지기 때문에 3~5cm 이상의 간격이 필요해요.

08 180℃로 예열된 오븐에 8~10분 구워 주세요(구운 뒤 팬에서 5~10분 기다린 뒤 옮겨 주세요).

    TIP 테두리가 갈색이 될 때까지 구워 주세요.

Oreo Chips Cookie
오레오 칩스 쿠키

오레오 칩스 쿠키

오레오 쿠키의 부족함을 쿠키 분태로 채워 식감을 더해 준 쿠키입니다.

Ingredient

| 10개 분량 |

녹인 버터 220g, 소금 2g, 황설탕 120g, 백설탕 50g, 꿀 20g, 바닐라 익스트랙 3g, 상온 달걀 2개

가루 재료 | 중력분 330g, 옥수수 전분 10g, 베이킹소다 4g

충전물 | 쿠키 분태 75g, 다크 초코 초코칩 40g, 오레오 쿠키 6개

토핑 재료 | 오레오 쿠키 7~8개

Preparation

01 버터는 중탕 또는 전자레인지에서 30초 – 추가 10초씩 돌려 완벽하게 녹인 뒤 25~30℃로 준비해 주세요.

02 모든 가루 재료를 고르게 섞은 뒤 체에 1회 내려 주세요.

— How to Make —

01-02 큰 볼에 녹인 버터, 소금, 황설탕, 백설탕, 꿀, 바닐라 익스트랙을 넣고 거품기로 20회 섞어 주세요.

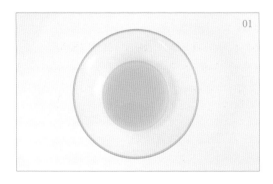

03 상온 달걀 2개를 넣고 거품기로 25~30회(완전히 혼합) 섞어 주세요.

04 거품기를 제거하고 체에 내린 가루 재료를 모두 넣고 주걱으로 90%까지 섞어 주세요.

    TIP 볼 바닥과 벽면은 쓸어 올리고 덩어리진 부분은 주걱 날로 자르듯 섞어 주세요.

05 날가루가 10% 남아 있을 때(90% 혼합) 쿠키 분태, 다크 초코칩, 오레오 쿠키를 손으로 잘라 넣고 날가루가 보이지 않을 때까지 주걱으로 섞어 주세요.

    TIP 쿠키 분태가 없다면 오레오 쿠키로 대체하여 만들 수 있어요.

06 휴지 완성된 반죽을 냉장실에서 30분 이상 휴지해 주세요.

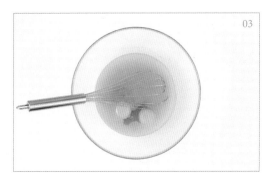

07 휴지한 반죽을 100~110g씩 10개로 분할하여 동그랗게 만든 뒤 손바닥으로 살짝 눌러 주세요. 토핑용 오레오 쿠키를 누르며 올려 주세요.

    TIP 구우면서 반죽이 커지기 때문에 3~5cm 이상의 간격이 필요해요.

08 180℃로 예열된 오븐에 8~10분 구워 주세요(구운 뒤 팬에서 5~10분 기다린 뒤 옮겨 주세요).

    TIP 테두리가 갈색이 될 때까지 구워 주세요.

Mugwort Chocolate Cookie
쑥 초코 쿠키

쑥 초코 쿠키

쑥을 재료로 한 쿠키입니다. 별
다른 재료가 들어가지 않지만
쑥과 초코칩은 찰떡같이 잘 어
울려요.

Ingredient

[10개 분량]

녹인 버터 220g, 소금 2g, 황설탕 120g, 백설탕 50g, 꿀 20g,
바닐라 익스트랙 3g, 상온 달걀 2개

가루 재료 | 중력분 320g, 쑥가루 25g, 옥수수 전분 10g, 베이킹소다 4g

충전물 | 다크 초코칩 80g, 청크 초콜릿 50g

아이싱 재료 | 칼리바우트 다크 코팅 초콜릿 20~30g

Preparation

01 버터는 중탕 또는 전자레인지에서 30초 – 추가 10초씩 돌려 완벽
하게 녹인 뒤 25~30℃로 준비해 주세요.

02 모든 가루 재료를 고르게 섞은 뒤 체에 1회 내려 주세요.

01-02 큰 볼에 녹인 버터, 소금, 황설탕, 백설탕, 꿀, 바닐라 익스트랙을 넣고 거품기로 20회 섞어 주세요.

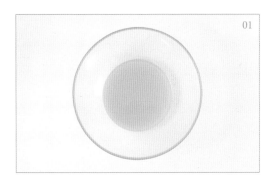

03 상온 달걀 2개를 넣고 거품기로 25~30회(완전히 혼합) 섞어 주세요.

04 거품기를 제거하고 체에 내린 가루 재료를 모두 넣고 주걱으로 90%까지 섞어 주세요.
　　TIP 볼 바닥과 벽면은 쓸어 올리고 덩어리진 부분은 주걱 날로 자르듯 섞어 주세요.

05 날가루가 10% 남아 있을 때(90% 혼합) 다크 초코칩과 청크 초콜릿을 넣고 날가루가 보이지 않을 때까지 주걱으로 섞어 주세요.

06 휴지 완성된 반죽을 냉장실에서 30분 이상 휴지해 주세요.

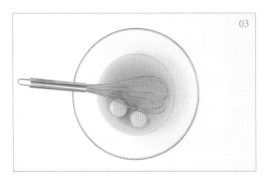

휴지
30분
냉장실

07 휴지한 반죽을 100~110g씩 10개로 분할하여 동그랗게 만든 뒤 손가락으로 눌러 모양을 만들어 주세요.

TIP 구우면서 반죽이 커지기 때문에 3~5cm 이상의 간격이 필요해요.

08 180℃로 예열된 오븐에 8~10분 구워 주세요(구운 뒤 팬에서 5~10분 기다린 뒤 옮겨 주세요).

TIP 테두리가 갈색이 될 때까지 구워 주세요.

09-10 쿠키를 식힌 뒤 중탕으로 녹인 다크 코팅 초콜릿을 사용해 아이싱해 주세요.

Kkamang Cookie
까망 쿠키

까망 쿠키

발로나 초콜릿을 녹여 반죽에
스며들게 만든 까망 쿠키는 까
망레시피의 시그니처 메뉴입
니다. 적당한 단맛으로 부담 없
이 즐길 수 있는 리얼 초코 쿠
키는 눈으로 보는 즐거움까지
더해 줍니다.

Ingredient

10개 분량

브라운 버터 220g, 소금 2g, 흑설탕 85g, 황설탕 60g, 상온 달걀 2개,
우유 36ml, 발로나 초콜릿(과나하) 105g

가루 재료 | 중력분 420g, 코코아 분말 40g, 베이킹소다 3g

데코 재료 | 칼리바우트 화이트 코팅 초콜릿 20개,
칼리바우트 다크 코팅 초콜릿 조금

Preparation

모든 가루 재료를 고르게 섞은
뒤 체에 1회 내려 주세요.

— How to Make —

01 브라운 버터 만들기 : 냄비에 버터를 넣고 중불에 올려 연한 갈색이 올라올 때까지 가열해 주세요.

02 원하는 색상이 나오면 더 이상 타지 않게 찬물에 받쳐 25~30℃로 맞춰 주세요.

　　TIP 버터 온도가 너무 높으면 설탕이 녹아 퍼진 쿠키가 나오니 주의하세요.

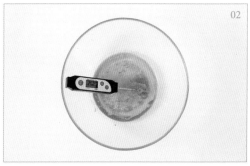

03 작은 볼에 발로나 초콜릿과 우유를 넣고 전자레인지에서 1분 돌린 뒤 상온에서 2분 대기해 주세요.

04 주걱으로 우유와 초콜릿을 섞어 주세요.

05 큰 볼에 브라운 버터, 소금, 흑설탕, 황설탕, 녹인 초콜릿을 넣고 거품기로 20회 섞어 주세요.

06 상온 달걀 2개를 넣고 거품기로 25~30회(완전히 혼합) 섞어 주세요.

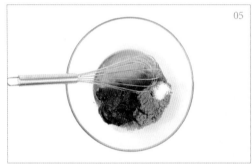

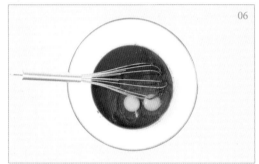

07 거품기를 제거하고 체에 내린 가루 재료를 모두 넣고 주걱으로 날가루가 보이지 않을 때까지 섞어 주세요.

TIP 볼 바닥과 벽면은 쓸어 올리고 덩어리진 부분은 주걱 날로 자르듯 섞어 주세요.

08 [휴지] 완성된 반죽을 냉장실에서 60분 이상 휴지해 주세요.

휴지
60분
냉장실

09 휴지한 반죽을 90~105g씩 10개로 분할하여 동그랗게 만든 뒤 손바닥으로 살짝 눌러 모양을 잡아 주세요.

TIP 구우면서 반죽이 커지기 때문에 3~5cm 이상의 간격이 필요해요.

10 180℃로 예열된 오븐에 8~11분 구워 주세요(구운 뒤 팬에서 5~10분 기다린 뒤 옮겨 주세요).

TIP 코코아 분말이 들어간 진한 반죽은 색상으로 확인이 어려우니 반죽에서 윤기가 사라지고 난 뒤 추가로 1~2분 더 구워 주세요.

11-12 쿠키를 식힌 뒤 중탕으로 녹인 다크 초콜릿을 사용해 화이트 초콜릿을 붙여 눈을 만들어 주세요.

Walnut Chocolate Chip Cookie
호두 초코칩 쿠키

호두 초코칩 쿠키

클래식 초코칩 쿠키에 호두를 추가하여 고소함을 더한 쿠키입니다. 당장 판매해도 될 만큼 군더더기 없는 레시피입니다.

Ingredient

[10개 분량]

녹인 버터 220g, 소금 2g, 흑설탕 140g, 백설탕 50g, 꿀 20g, 바닐라 익스트랙 3g, 상온 달걀 2개

가루 재료 | 중력분 330g, 옥수수 전분 10g, 베이킹소다 4g

충전물 | 호두 110g, 다크 초코칩 120g

토핑 재료 | 호두 69g

Preparation

01 버터는 중탕 또는 전자레인지에서 30초 - 추가 10초씩 돌려 완벽하게 녹인 뒤 25~30℃로 준비해 주세요.

02 모든 가루 재료를 고르게 섞은 뒤 체에 1회 내려 주세요.

— How to Make —

01-02 큰 볼에 녹인 버터, 소금, 흑설탕, 백설탕, 꿀, 바닐라 익스트랙을 넣고 거품기로 20회 섞어 주세요.

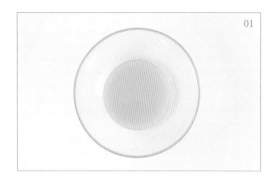

03 상온 달걀 2개를 넣고 거품기로 25~30회(완전히 혼합) 섞어 주세요.

04 거품기를 제거하고 체에 내린 가루 재료를 모두 넣고 주걱으로 90%까지 섞어 주세요.

    TIP 볼 바닥과 벽면은 쓸어 올리고 덩어리진 부분은 주걱 날로 자르듯 섞어 주세요.

05 날가루가 10% 남아 있을 때(90% 혼합) 호두와 다크 초코칩을 넣고 날가루가 보이지 않을 때까지 주걱으로 섞어 주세요.

06 휴지 완성된 반죽을 냉장실에서 30분 이상 휴지해 주세요.

휴지
30분
냉장실

07-08 휴지한 반죽을 110~120g씩 10개로 분할하여 동그랗게 만든 뒤 토핑용 호두를 올려 주세요.

TIP 구우면서 반죽이 커지기 때문에 3~5cm 이상의 간격이 필요해요.

09 180℃로 예열된 오븐에 8~10분 구워 주세요(구운 뒤 팬에서 5~10분 기다린 뒤 옮겨 주세요).

TIP 테두리가 갈색이 될 때까지 구워 주세요.

Lotus Almond Cookie
로투스 아몬드 쿠키

로투스 아몬드 쿠키

로투스 스프레드와 로투스 쿠
키를 넣어 만든 쿠키입니다. 통
아몬드를 그대로 넣어 식감과
맛을 더했습니다. 차갑게 먹으
면 더 맛있습니다

Ingredient

10개 분량

상온 버터 200g, 로투스 스프레드 160g, 소금 2g, 흑설탕 100g, 백설탕 50g,
상온 달걀 2개

가루 재료 | 중력분 400g, 베이킹소다 4g

충전물 | 로투스 쿠키 80g(12개), 시나몬 파우더 1g

토핑 재료 | 로투스 스프레드 100g, 로투스 쿠키 10개, 구운 아몬드 40개

Preparation

01 버터는 상온에 3시간 이상
꺼내어 포마드 상태(말랑
한 상태)로 준비해 주세요.
(또는 전자레인지에서 10초
씩 끊어 가며 작동하여 말
랑하게 만들어 주세요.)

02 모든 가루 재료를 고르게 섞
은 뒤 체에 1회 내려 주세요.

— How to Make —

01 로투스 쿠키 12개를 봉투에 넣어 부수고, 토핑용 로투스 스프레드는 짤주머니에 넣어 주세요.

02-03 큰 볼에 상온 버터, 로투스 스프레드, 소금, 흑설탕, 백설탕을 넣고 거품기로 20회 섞어 주세요.

04 상온 달걀 2개를 넣고 거품기로 25~30회(완전히 혼합) 섞어 주세요.

05 거품기를 제거하고 체에 내린 가루 재료와 부순 로투스 쿠키를 모두 넣고 날가루가 보이지 않을 때까지 주걱으로 섞어 주세요.

　　TIP 볼 바닥과 벽면은 쓸어 올리고 덩어리진 부분은 주걱 날로 자르듯 섞어 주세요.

06 휴지 완성된 반죽을 냉장실에서 30분 이상 휴지해 주세요.

07 휴지한 반죽을 90~100g씩 10개로 분할하여 아몬드(개당 4개)를 넣어 항아리 모양을 만든 뒤 토핑용 스프레드(개당 10g)를 올려 주세요.

08-09 토핑용 로투스를 올려 꾹 눌러 주세요.

      TIP 구우면서 반죽이 커지기 때문에 3~5cm 이상의 간격이 필요해요.

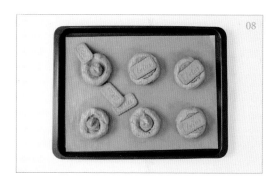 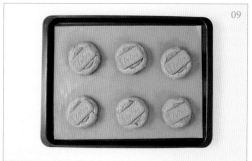

10   180℃로 예열된 오븐에 8~11분 구워 주세요(구운 뒤 팬에서 5~10분 기다린 뒤 옮겨 주세요).

      TIP 반죽의 윤기가 사라지고 토핑용 로투스가 구움색이 날 때까지 구워 주세요.

Raspberry Crumble Cookie
라즈베리 크럼블 쿠키

라즈베리 크럼블 쿠키

까망레시피 쿠키 레시피 중 많은 러브콜을 받았던 쿠키입니다. 남녀노소 누구나 좋아하는 맛으로 반죽 속에 스며든 라즈베리잼과 사블레를 연상시키는 식감이 일품입니다. 상온에서 하루 숙성하면 더욱 맛있습니다.

Ingredient

10개 분량

상온 버터 180g, 소금3g, 황설탕 50g, 백설탕 50g, 상온 달걀 2개

가루 재료 | 중력분 320g, 베이킹소다 3g

크럼블 재료 | 상온 버터 30g, 소금 0.5g, 백설탕 18g, 아몬드 분말 54g, 중력분 18g, 베이킹소다 1g

토핑 재료 | 라즈베리잼 200g

Preparation

01 버터는 상온에 3시간 이상 꺼내어 포마드 상태(말랑한 상태)로 준비해 주세요. (또는 전자레인지에서 10초씩 끊어 가며 작동하여 말랑하게 만들어 주세요.)

02 모든 가루 재료를 고르게 섞은 뒤 체에 1회 내려 주세요.

— **How to Make** —

01-02 큰 볼에 상온 버터, 소금, 황설탕, 백설탕을 넣고 거품기로 20회 섞어 주세요.

03 상온 달걀 2개를 넣고 거품기로 25~30회(완전히 혼합) 섞어 주세요.

04 거품기를 제거하고 체에 내린 가루 재료를 모두 넣고 주걱으로 날가루가 보이지 않을 때까지 섞어 주세요.

  TIP 볼 바닥과 벽면은 쓸어 올리고 덩어리진 부분은 주걱 날로 자르듯 섞어 주세요.

05 휴지 완성된 반죽을 냉장실에서 30분 이상 휴지해 주세요.

06 크럼블 재료의 상온 버터를 주걱으로 부드럽게 풀어 준 뒤, 소금과 설탕을 넣고 설탕 입자가 1/2로 작아질 때까지 충분하게 섞어 주세요.

07 크럼블 재료의 아몬드 분말, 중력분, 베이킹소다를 넣고 섞어 주세요.

08 바닥에서 위로 털어 주며 크럼블 모양으로 만든 뒤 사용 전까지 냉장고에 보관해 주세요.

09 휴지한 반죽을 80~90g씩 10개로 분할하여 동그랗게 만든 뒤 가운데를 눌러 항아리 모양으로 만들어 주세요.

　　TIP 구우면서 반죽이 커지기 때문에 3~5cm 이상의 간격이 필요해요.

10-11 가운데에 라즈베리잼(개당 20g)을 채운 뒤 크럼블을 올려 주세요.

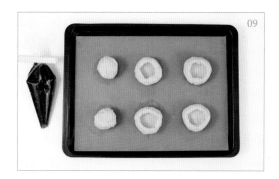

12 180℃로 예열된 오븐에 8~11분 구워 주세요(팬에서 충분히 식힌 뒤 옮겨 주세요).

　　TIP 테두리가 갈색이 될 때까지 구워 주세요.

Carrot Cream Cheese Cookie
당근 크림치즈 쿠키

당근 크림치즈 쿠키

당근을 갈아 넣은 반죽과 시큼한 크림치즈가 참 잘 어울립니다. 적당한 단맛은 시나몬 파우더와 당근의 맛을 집중하게 도와줍니다.

Ingredient

10개 분량

상온 버터 200g, 소금 3g, 황설탕 100g, 백설탕 40g, 상온 달걀 2개
가루 재료 | 중력분 420g, 옥수수 전분 10g, 베이킹소다 4g,
시나몬 파우더 3g, 넛맥 1g(생략 가능), 당근 160g
토핑 재료 | 크림치즈 300g
데코 당근 재료 | 아몬드 분말 50g, 슈가파우더 25g, 달걀흰자 9g,
식용색소(셰프마스터 네온 브라이트 오렌지 색소, 그린 색소)

Preparation

01 버터는 상온에 3시간 이상 꺼내어 포마드 상태(말랑한 상태)로 준비해 주세요. (또는 전자레인지에서 10초씩 끊어 가며 작동하여 말랑하게 만들어 주세요.)

02 모든 가루 재료를 고르게 섞은 뒤 체에 1회 내려 주세요.

03 세척한 당근을 그레이터(강판) 또는 칼로 잘게 잘라 준비해 주세요.

— How to Make —

01 스쿱(또는 스푼)을 사용해 크림치즈를 30g씩 분할하여 냉동 보관해 주세요.

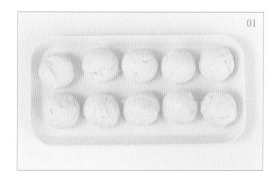

02-03 큰 볼에 상온 버터, 소금, 황설탕, 백설탕을 넣고 거품기로 20회 섞어 주세요.

04 상온 달걀 2개를 넣고 거품기로 25~30회(완전히 혼합) 섞어 주세요.

05 거품기를 제거하고 체에 내린 가루 재료와 썰어 둔 당근을 모두 넣고 주걱으로 날가루가 보이지 않을 때까지 섞어 주세요.

    TIP 볼 바닥과 벽면은 쓸어 올리고 덩어리진 부분은 주걱 날로 자르듯 섞어 주세요.

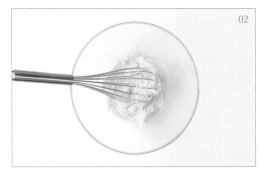

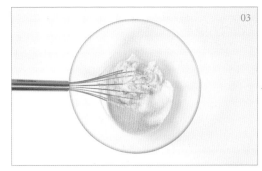

06 휴지 완성된 반죽을 냉장실에서 30분 이상 휴지해 주세요.

07 데코 당근 재료를 모두 혼합하여 3:1로 분할하여 주황색과 연두색 색소를 넣고 조색해 주세요.

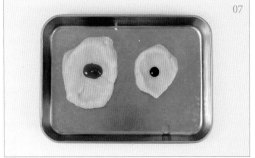

08 당근 모양으로 성형한 뒤 마르지 않게 비닐을 덮어 상온 보관해 주세요.

09 휴지한 반죽을 85~95g씩 10개로 분할하여 동그랗게 만든 뒤 넓게 펴고 가운데에 크림치즈를 올려 주세요.

    TIP 구우면서 반죽이 커지기 때문에 3~5cm 이상의 간격이 필요해요.

10 반죽으로 크림치즈를 꼼꼼하게 감싸 주세요.

    TIP 크림치즈를 충분히 덮어 주어야 터짐 없이 예쁘게 구워져요.

11 180℃로 예열된 오븐에 13~16분 구워 주세요(구운 뒤 팬에서 5~10분 기다린 뒤 옮겨 주세요).

    TIP 테두리가 갈색이 될 때까지 구워 주세요.

12 만들어 둔 데코 당근을 올려 주세요.

Strawberry Cream Cheese Cookie
딸기 크림치즈 쿠키

딸기 크림치즈 쿠키

딸기가 쿠키로 태어난다면 까
망의 딸기 크림치즈 쿠키가 아
닐까 생각합니다. 상큼한 딸기
파우더와 이 레시피에 빠져선
안 되는 발로나 인스피레이션
초콜릿은 예술에 가깝습니다.

Ingredient

10개 분량

녹인 버터 200g, 소금 2g, 백설탕 100g, 꿀 30g, 상온 달걀 2개, 딸기 레진 7g

가루 재료 | 중력분 330g, 딸기 파우더 60g, 베이킹소다 2g,
딸기 초콜릿(발로나 인스피레이션) 77g(총 20개)

토핑 재료 | 크림치즈 300g

Preparation

01 버터는 중탕 또는 전자레인지에서 30초 – 추가 10초씩 돌려 완벽하
    게 녹인 뒤 25~30℃로 준비해 주세요.

02 모든 가루 재료를 고르게 섞은 뒤 체에 1회 내려 주세요.

01 스쿱(또는 스푼)을 사용해 크림치즈를 30g씩 분할하여 냉동 보관해 주세요.

02-03 큰 볼에 녹인 버터, 소금, 백설탕, 꿀, 딸기 레진을 넣고 거품기로 20회 섞어 주세요.

　　　TIP 딸기 레진은 딸기 향을 더해 주는 재료예요. 딸기 파우더를 함께 사용하기에 생략할 수 있어요.

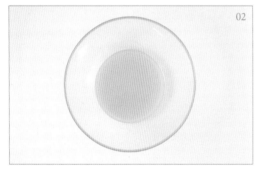

04 상온 달걀 2개를 넣고 거품기로 25~30회(완전히 혼합) 섞어 주세요.

05 거품기를 제거하고 체에 내린 가루 재료를 모두 넣고 주걱으로 날가루가 보이지 않을 때까지 섞어 주세요.

　　　TIP 볼 바닥과 벽면은 쓸어 올리고 덩어리진 부분은 주걱 날로 자르듯 섞어 주세요.

06 휴지 완성된 반죽을 냉장실에서 30분 이상 휴지해 주세요.

07-08 휴지한 반죽을 85~95g씩 10개로 분할하여 동그랗게 만든 뒤 넓게 펴고 가운데에 딸기 초콜릿 2개와 크림치즈를 올려 꼼꼼히 감싸 주세요.

TIP 구우면서 반죽이 커지기 때문에 3~5cm 이상의 간격이 필요해요.

TIP 크림치즈를 충분히 덮어 주어야 터짐 없이 예쁘게 구워져요.

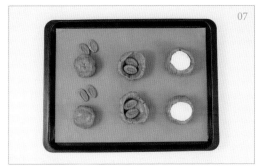

09 180℃로 예열된 오븐에 8~11분 구워 주세요(구운 뒤 팬에서 5~10분 기다린 뒤 옮겨 주세요).

TIP 테두리가 갈색이 될 때까지 구워 주세요.

Mint Ganache Cookie
민트 가나슈 쿠키

민트 가나슈 쿠키

민트 초코를 좋아한다면 지나칠 수 없는 쿠키예요. 민트 가나슈까지 만들기 어렵다면 생략하고 만들어도 돼요. 토핑 재료를 변경하여 나만의 민트 쿠키를 만들 수 있습니다.

Ingredient

| 10개 분량 |

상온 버터 220g, 소금 2g, 흑설탕 80g, 백설탕 70g, 페퍼민트 익스트랙 10g, 상온 달걀 2개

가루 재료 | 중력분 340g, 베이킹소다 4g, 식용색소(셰프마스터 민트 그린 사용) 1~2방울

충전물 | 민트 초코 오레오 1봉(1/2박스), 오레오 쿠키 분태 50g

민트 가나슈 재료 | 칼리바우트 다크 초콜릿 120g, 우유 60ml, 코코아 분말 30g, 페퍼민트 익스트랙 2g

토핑 재료 | 민트 초코볼(롯데제과) 2봉

Preparation

01 버터는 상온에 3시간 이상 꺼내어 포마드 상태(말랑한 상태)로 준비해 주세요. (또는 전자레인지에서 10초씩 끊어 가며 작동하여 말랑하게 만들어 주세요.)

02 모든 가루 재료를 고르게 섞은 뒤 체에 1회 내려 주세요.

― How to Make ―

01-02 큰 볼에 상온 버터, 소금, 흑설탕, 백설탕, 페퍼민트 익스트랙을 넣고 거품기로 20회 섞어 주세요.

03 상온 달걀 2개를 넣고 거품기로 25~30회(완전히 혼합) 섞어 주세요.

04 거품기를 제거하고 체에 내린 가루 재료를 모두 넣고 주걱으로 90%까지 섞어 주세요.

   TIP 볼 바닥과 벽면은 쓸어 올리고 덩어리진 부분은 주걱 날로 자르듯 섞어 주세요.

05 날가루가 10% 남아 있을 때(90% 혼합) 손으로 쪼갠 오레오 쿠키와 쿠키 분태를 넣고 날가루가 보이지 않을 때까지 주걱으로 섞어 주세요.

06 휴지 완성된 반죽을 냉장실에서 30분 이상 휴지해 주세요.

07 작은 볼에 민트 가나슈 재료 초콜릿과 우유를 넣고 전자레인지에서 30초 돌린 뒤 주걱으로 섞어 주세요.

   TIP 추가로 10초씩 끊어 돌려 초콜릿을 완전히 녹여 주세요.

08 7번에 민트 가나슈 재료의 코코아 분말, 페퍼민트 익스트랙을 넣고 섞어 주세요.

09 손으로 반죽할 수 있을 정도로 냉동 보관한 뒤 20g씩 10개로 분할하여 준비해 주세요.

10 휴지한 반죽을 100~110g씩 10개로 분할하여 동그랗게 만들어 가운데를 눌러 항아리 모양으로 만든 뒤
9번 민트 가나슈를 가운데에 넣고 꼼꼼하게 감싸 주세요.

TIP 구우면서 반죽이 커지기 때문에 3~5cm 이상의 간격이 필요해요.

11 민트 초콜볼을 꾹 눌러 올려 주세요.

12 180℃로 예열된 오븐에 8~11분 구워 주세요(구운 뒤 팬에서 5~10분 기다린 뒤 옮겨 주세요).

TIP 테두리가 갈색이 될 때까지 구워 주세요.

Sweet Pumpkin Ganache Cookie
단호박 가나슈 쿠키

단호박 가나슈 쿠키

차갑게 먹으면 속이 꾸덕꾸덕
해서 씹는 식감이 좋은 쿠키입
니다. 단호박을 좋아한다면 꼭
만들어 보세요.

Ingredient

> 10개 분량

상온 버터 200g, 소금 3g, 황설탕 100g, 백설탕 40g, 꿀 20g, 상온 달걀 2개

가루 재료 | 중력분 310g, 옥수수 전분 20g, 단호박가루 50g

충전물 | 호두 90g

단호박 가나슈 재료 | 칼리바우트 화이트 초콜릿 140g, 우유 45ml,
단호박가루 20g

Preparation

01 버터는 상온에 3시간 이상
꺼내어 포마드 상태(말랑
한 상태)로 준비해 주세요.
(또는 전자레인지에서 10초
씩 끊어 가며 작동하여 말
랑하게 만들어 주세요.)

02 모든 가루 재료를 고르게 섞
은 뒤 체에 1회 내려 주세요.

— How to Make —

01-02 큰 볼에 상온 버터, 소금, 황설탕, 백설탕, 꿀을 넣고 거품기로 20회 섞어 주세요.

03 상온 달걀 2개를 넣고 거품기로 25~30회(완전히 혼합) 섞어 주세요.

04 거품기를 제거하고 체에 내린 가루 재료를 모두 넣고 주걱으로 90%까지 섞어 주세요.

    TIP 볼 바닥과 벽면은 쓸어 올리고 덩어리진 부분은 주걱 날로 자르듯 섞어 주세요.

05 날가루가 10% 남아 있을 때(90% 혼합) 호두를 넣고 날가루가 보이지 않을 때까지 주걱으로 섞어 주세요.

06 ▣휴지 완성된 반죽을 냉장실에서 30분 이상 휴지해 주세요.

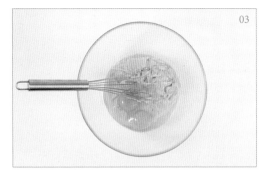

07 작은 볼에 단호박 가나슈 재료의 초콜릿과 우유를 넣고 전자레인지에서 30초 돌린 뒤 주걱으로 섞어 주세요.

    TIP 추가로 10초씩 끊어 돌려 초콜릿을 완전히 녹여 주세요.

08 7번에 단호박가루를 넣고 섞어 주세요.

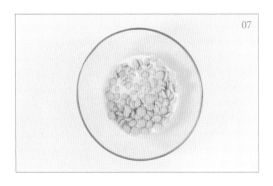

09-10 손으로 반죽할 수 있을 정도로 냉동 보관한 뒤 20g씩 10개로 분할하여 준비해 주세요.

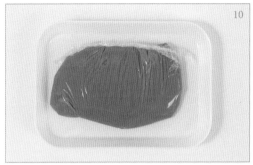

11-12 휴지한 반죽을 90~100g씩 10개로 분할하여 동그랗게 만들어 가운데를 눌러 항아리 모양으로 만든
뒤 10번 단호박 가나슈를 가운데에 넣고 꼼꼼하게 감싸 주세요.

    TIP 구우면서 반죽이 커지기 때문에 3~5cm 이상의 간격이 필요해요.

13 180℃로 예열된 오븐에 8~11분 구워 주세요(구운 뒤 팬에서 5~10분 기다린 뒤 옮겨 주세요).

    TIP 테두리가 갈색이 될 때까지 구워 주세요. 가운데에 호박씨를 올리면 먹음직스러워 보여요.

Sfogliatine Glassate Cookie
누네띠네 쿠키

누네띠네 쿠키

두툼하게 올린 아이싱을 오븐에 넣으면 누네띠네로 변신해요. 위로 많이 부풀지 않은 반죽 레시피를 접목하여 비주얼도 맛도 훌륭한 쿠키입니다.

Ingredient

10개 분량

상온 버터 230g, 소금 3g, 슈거파우더 125g, 상온 달걀 2개

가루 재료 | 중력분 410g, 베이킹소다 5g

누네띠네 아이싱 재료 | 슈거파우더 75g, 달걀흰자 15g, 레몬즙 5g

토핑 재료 | 살구잼 30g

Preparation

01 버터는 상온에 3시간 이상 꺼내어 포마드 상태(말랑한 상태)로 준비해 주세요. (또는 전자레인지에서 10초씩 끊어 가며 작동하여 말랑하게 만들어 주세요.)

02 모든 가루 재료를 고르게 섞은 뒤 체에 1회 내려 주세요.

— How to Make —

01-02 큰 볼에 상온 버터, 소금, 슈거파우더를 넣고 거품기로 20회 섞어 주세요.

      TIP 슈거파우더를 넣으면 부드러운 식감의 크랙이 적은 쿠키를 만들 수 있어요.

03 상온 달걀 2개를 넣고 거품기로 25~30회(완전히 혼합) 섞어 주세요.

04 거품기를 제거하고 체에 내린 가루 재료를 모두 넣고 주걱으로 날가루가 보이지 않을 때까지 섞어 주세요.

      TIP 볼 바닥과 벽면은 쓸어 올리고 덩어리진 부분은 주걱 날로 자르듯 섞어 주세요.

05 휴지 완성된 반죽을 냉장실에서 30분 이상 휴지해 주세요.

06 누네띠네 아이싱 재료의 슈거파우더와 달걀흰자를 혼합한 뒤 레몬즙을 넣고 걸쭉한 농도가 되게 해 주세요.

 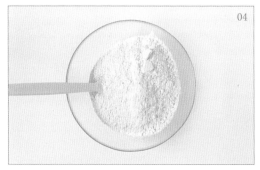

07 살구잼을 체에 내려 곱게 만든 뒤 짤주머니에 넣어 준비해 주세요.

08 휴지한 반죽을 85~95g씩 10개로 분할하여 윗면이 평평한 쿠키 모양으로 만들어 주세요.
TIP 구우면서 반죽이 커지기 때문에 3~5cm 이상의 간격이 필요해요.

09 만들어 둔 아이싱을 주걱을 사용해 고르게 펴고 살구잼으로 격자 모양을 그려 주세요.
TIP 묽은 아이싱은 너무 얇은 누네띠네가 돼요. 5초 동안 모양이 유지되는 아이싱을 사용하세요.

10 180℃로 예열된 오븐에 10~13분 구워 주세요(구운 뒤 팬에서 5~10분 기다린 뒤 옮겨 주세요).
TIP 윗면이 베이지색이 되고 살구잼이 진해질 때까지 구워 주세요.

Red Wine Cookie
레드 와인 쿠키

레드 와인 쿠키

와인의 풍미로 고급스러움이 느껴지는 쿠키로 어디에서도 느껴 보지 못한 특별한 맛이랍니다. 와인에 침전한 크랜베리가 반죽과 조화롭게 어우러집니다.

Ingredient

10개 분량

녹인 버터 200g, 소금 3g, 황설탕 60g, 백설탕 60g, 레드 와인 60g, 상온 달걀 2개

가루 재료 | 중력분 400g, 베이킹소다 3g, 옥수수 전분 10g
충전물 | 크랜베리 80g, 호두 60g
아이싱 재료(A) | 슈거파우더 60g, 레드 와인 15g
아이싱 재료(B) | 칼리바우트 화이트 코팅 초콜릿, 크랜베리 20g

크랜베리 전처리

01 크랜베리 80g에 레드 와인 60g을 부어 10분 이상 침전시키고, 아이싱용 크랜베리는 잘게 잘라 준비해 주세요.

02 크랜베리를 와인에서 건지고, 거른 와인은 반죽에 사용하세요.

Preparation

01 버터는 중탕 또는 전자레인지에서 30초 - 추가 10초씩 돌려 완벽하게 녹인 뒤 25~30℃로 준비해 주세요.

02 모든 가루 재료를 고르게 섞은 뒤 체에 1회 내려 주세요.

— How to Make —

01-02 큰 볼에 녹인 버터, 소금, 황설탕, 백설탕, 레드 와인을 넣고 거품기로 20회 섞어 주세요.

　　　TIP 레드 와인 종류는 자유롭게 선택하세요.

03 상온 달걀 2개를 넣고 거품기로 25~30회(완전히 혼합) 섞어 주세요.

04 거품기를 제거하고 체에 내린 가루 재료를 모두 넣고 주걱으로 90%까지 섞어 주세요.

　　　TIP 볼 바닥과 벽면은 쓸어 올리고 덩어리진 부분은 주걱 날로 자르듯 섞어 주세요.

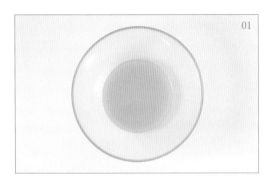

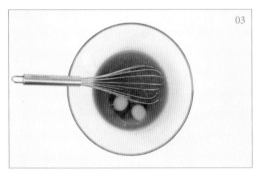

05 날가루가 10% 남아 있을 때(90% 혼합) 전처리한 크랜베리와 호두를 넣고 날가루가 보이지 않을 때까지 주걱으로 섞어 주세요.

06 휴지 완성된 반죽을 냉장실에서 30분 이상 휴지해 주세요.

휴지
30분
냉장실

07 휴지한 반죽을 105~120g씩 10개로 분할하여 동그랗게 만든 뒤 손바닥으로 살짝 눌러 주세요. 180℃로 예열된 오븐에 13~16분 구워 주세요.

  TIP 구우면서 반죽이 커지기 때문에 3~5cm 이상의 간격이 필요해요.

08 쿠키를 오븐에 넣고 10분 뒤 아이싱 재료(A)를 혼합하여 준비해 주세요.

 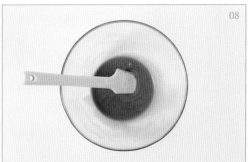

09-10 잘 구워진 쿠키를 오븐에서 잠시 꺼내어 8번 아이싱을 브러시로 두툼하게 바른 뒤 180℃로 예열된 오븐에 2~3분 구워 겉면을 말려 주세요.

  TIP 아이싱 전체가 하얗게 변하고 수분기가 없을 때까지 말려 주세요.

11-12 쿠키를 식힌 뒤 중탕으로 녹인 화이트 코팅 초콜릿과 크랜베리를 사용해 아이싱해 주세요.

Mocha Almond Cookie
모카 아몬드 쿠키

모카 아몬드 쿠키

커피 빵이 생각나는 부드러운
식감의 쿠키입니다. 입 안 가득
퍼지는 모카 쿠키에 아메리카
노 한잔을 곁들여 보세요.

Ingredient

[10개 분량]

브라운 버터 200g, 소금 3g, 흑설탕 50g, 백설탕 70g, 꿀 20g, 커피 엑기스
3g, 상온 달걀 2개

가루 재료 | 중력분 360g, 옥수수 전분 10g, 베이킹소다 3g

토핑 재료 | 아몬드 45g(총 50개), 발로나 다크 초콜릿(과나하) 77g(총 20개),
발로나 초콜릿(둘세) 77g(총 20개)

Preparation

모든 가루 재료를 고르게 섞은 뒤 체에 1회 내려 주세요.

01 브라운 버터 만들기 : 냄비에 버터를 넣고 중 불에 올려 연한 갈색이 올라올 때까지 가열해 주세요.

02 원하는 색상이 나오면 더 이상 타지 않게 찬물에 받쳐 25~30℃로 맞춰 주세요.

TIP 버터 온도가 너무 높으면 설탕이 녹아 퍼진 쿠키가 나오니 주의하세요.

 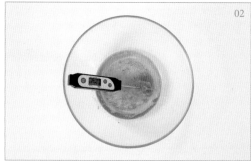

03 큰 볼에 브라운 버터, 소금, 흑설탕, 백설탕, 꿀, 커피 엑기스를 넣고 거품기로 20회 섞어 주세요.

04 상온 달걀 2개를 넣고 거품기로 25~30회(완전히 혼합) 섞어 주세요.

05 거품기를 제거하고 체에 내린 가루 재료를 모두 넣고 주걱으로 날가루가 보이지 않을 때까지 섞어 주세요.

TIP 볼 바닥과 벽면은 쓸어 올리고 덩어리진 부분은 주걱 날로 자르듯 섞어 주세요.

06 휴지 완성된 반죽을 냉장실에서 30분 이상 휴지해 주세요.

휴지
30분
냉장실

07 휴지한 반죽을 90~105g씩 10개로 분할하여 동그랗게 만들어 반죽 1/3을 떼어 낸 뒤 큰 반죽(2/3)에 아몬드(개당 4개)와 초콜릿 2종(개당 각 1개씩)을 넣어 주세요.

08 떼어 낸 반죽(1/3)을 올려 손가락으로 눌러 붙인 뒤 남은 아몬드와 초콜릿 2종을 올려 눌러 고정해 주세요.

TIP 구우면서 반죽이 커지기 때문에 3~5cm 이상의 간격이 필요해요.

09 180℃로 예열된 오븐에 8~11분 구워 주세요(구운 뒤 팬에서 5~10분 기다린 뒤 옮겨 주세요).

TIP 쿠키 전체가 노릇해질 때까지 충분히 구워 주세요.

Injeolmi Kaya Cookie
인절미 카야 쿠키

인절미 카야 쿠키

까망레시피에서 많은 사랑을 받은 쿠키입니다. 기존 레시피는 수제 카야잼을 사용하였으나 이 책에서는 독자들의 편의를 위해 시판용 잼으로 만들었습니다.

Ingredient

10개 분량

녹인 버터 220g, 소금 3g, 황설탕 90g, 백설탕 30g, 꿀 40g, 바닐라 익스트랙 5g, 상온 달걀 2개

가루 재료 | 중력분 405g, 미숫가루(또는 콩가루) 50g, 베이킹소다 4g

인절미 재료(또는 시판 인절미) | 찹쌀가루 125g, 설탕 18g, 소금 1.5g, 뜨거운 물 145ml, 콩가루 2큰술(총 10개)

토핑 재료 | 카야잼 220g, 코코넛 롱 40g

Preparation

01 버터는 중탕 또는 전자레인지에서 30초 – 추가 10초씩 돌려 완벽하게 녹인 뒤 25~30℃로 준비해 주세요.

02 모든 가루 재료를 고르게 섞은 뒤 체에 1회 내려 주세요.

— How to Make —

01-02 큰 볼에 녹인 버터, 소금, 황설탕, 백설탕, 꿀, 바닐라 익스트랙을 넣고 거품기로 20회 섞어 주세요.

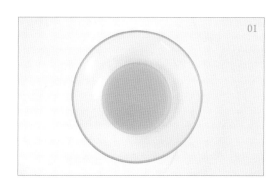

03 상온 달걀 2개를 넣고 거품기로 25~30회(완전히 혼합) 섞어 주세요.

04 거품기를 제거하고 체에 내린 가루 재료를 모두 넣고 주걱으로 날가루가 보이지 않을 때까지 섞어 주세요.

TIP 볼 바닥과 벽면은 쓸어 올리고 덩어리진 부분은 주걱 날로 자르듯 섞어 주세요.

05 휴지 완성된 반죽을 냉장실에서 30분 이상 휴지해 주세요.

06 작은 볼에 인절미 재료를 모두 넣고 주걱으로 고르게 섞어 주세요.

TIP 시판 인절미 사용 시 6~8번 과정은 생략합니다.

07 랩을 씌워 전자레인지에서 1분 30초 → 주걱으로 30초 섞기 → 전자레인지에서 1분 → 주걱으로 30초 섞기 → 전자레인지에서 1분 30초 → 주걱으로 2분 섞기를 해 주세요.

08 달라붙지 않도록 미숫가루를 덧뿌린 뒤 인절미를 올려 식혀 주세요.

09 인절미는 약 20g씩 10분할하고, 카야잼은 짤주머니에 넣고, 코코넛 롱은 그릇에 준비해 주세요.

10 휴지한 반죽을 90~100g씩 10개로 분할하여 동그랗게 만들어 가운데를 눌러 항아리 모양으로 만든 뒤 9번 인절미를 가운데에 넣고 카야잼을 올려 주세요.

TIP 구우면서 반죽이 커지기 때문에 3~5cm 이상의 간격이 필요해요.

11 코코넛 롱을 올려 주세요.

12 180℃로 예열된 오븐에 9~13분 구워 주세요(구운 뒤 팬에서 5~10분 기다린 뒤 옮겨 주세요).

TIP 코코넛이 갈색이 될 때까지 구워 주세요.

Black Sesame Ang Cookie
흑임자 앙쿠키

흑임자 앙쿠키

단맛을 그다지 좋아하지 않는 사람들의 입맛을 사로잡는 쿠키입니다. 흑임자와 팥앙금을 아낌없이 넣어 적당한 단맛에 흑임자의 고소함을 가득 느낄 수 있습니다.

Ingredient

| 10개 분량 |

상온 버터 200g, 소금 3g, 황설탕 100g, 흑설탕 30g, 꿀 20g, 상온 달걀 2개, 바닐라 익스트랙 5g

가루 재료 | 중력분 310g, 흑임자가루 35g, 미숫가루 30g, 옥수수 전분 10g, 베이킹소다 3g

토핑 재료 | 팥앙금 500g, 흑임자가루 45g, 꿀 15g, 녹인 버터 10g

01 버터는 상온에 3시간 이상 꺼내어 포마드 상태(말랑한 상태)로 준비해 주세요. (또는 전자레인지에서 10초씩 끊어 가며 작동하여 말랑하게 만들어 주세요.)

02 모든 가루 재료를 고르게 섞은 뒤 체에 1회 내려 주세요.

01-02 큰 볼에 상온 버터, 소금, 황설탕, 흑설탕, 꿀, 바닐라 익스트랙을 넣고 거품기로 20회 섞어 주세요.

03 상온 달걀 2개를 넣고 거품기로 25~30회(완전히 혼합) 섞어 주세요.

04 거품기를 제거하고 체에 내린 가루 재료를 모두 넣고 주걱으로 날가루가 보이지 않을 때까지 섞어 주세요.

　　TIP 볼 바닥과 벽면은 쓸어 올리고 덩어리진 부분은 주걱 날로 자르듯 섞어 주세요.

05 [휴지] 완성된 반죽을 냉장실에서 30분 이상 휴지해 주세요.

06 스쿱을 사용해 팥앙금을 약 50g씩 분할하여 냉장 보관해 주세요.

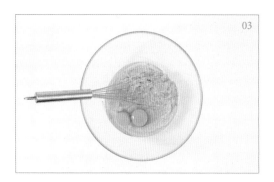

07-08 작은 볼에 흑임자가루, 꿀, 녹인 버터를 넣고 섞은 뒤 5g씩 분할하여 상온에 준비해 주세요.

09 휴지한 반죽을 90~100g씩 10개로 분할하여 넓게 펴고 가운데에 팥앙금과 8번의 흑임자 반죽을 넣고 꼼꼼하게 감싸 주세요.

　TIP 구우면서 반죽이 커지기 때문에 3~5cm 이상의 간격이 필요해요.

10 180℃로 예열된 오븐에 9~13분 구워 주세요(구운 뒤 팬에서 5~10분 기다린 뒤 옮겨 주세요).

　TIP 테두리가 갈색이 될 때까지 구워 주세요.

Peanut Butter Cookie
피넛버터 쿠키

피넛버터 쿠키

부드럽고 폭신한 식감의 버터
쿠키가 생각난다면 이 레시피
를 도전해 보세요. 상온에 보관
하면 부드러운 쿠키, 냉동에 보
관하면 속이 꽉 찬 꾸덕꾸덕한
쿠키로 변신합니다.

Ingredient

10개 분량

상온 버터 200g, 땅콩버터 250g, 소금 2g, 흑설탕 100g, 백설탕 60g,
상온 달걀 2개

가루 재료 | 중력분 350g, 베이킹소다 4g

Preparation

01 버터는 상온에 3시간 이상 꺼내어 포마드 상태(말랑한 상태)로 준
비해 주세요. (또는 전자레인지에서 10초씩 끊어 가며 작동하여 말
랑하게 만들어 주세요.)

02 모든 가루 재료를 고르게 섞은 뒤 체에 1회 내려 주세요.

─ How to Make ─

01-02 큰 볼에 상온 버터, 땅콩버터, 소금, 흑설탕, 백설탕을 넣고 거품기로 20회 섞어 주세요.

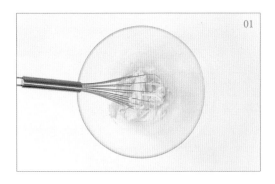

03 상온 달걀 2개를 넣고 거품기로 25~30회(완전히 혼합) 섞어 주세요.

04 거품기를 제거하고 체에 내린 가루 재료를 모두 넣고 주걱으로 날가루가 보이지 않을 때까지 섞어 주
세요.

    TIP 볼 바닥과 벽면은 쓸어 올리고 덩어리진 부분은 주걱 날로 자르듯 섞어 주세요.

05 휴지 완성된 반죽을 냉장실에서 30분 이상 휴지해 주세요.

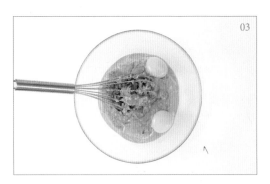

06-07 휴지한 반죽을 95~105g씩 10개로 분할하여 동그랗게 만든 뒤 포크로 눌러 모양을 만들어 주세요.

　　　TIP 구우면서 반죽이 커지기 때문에 3~5cm 이상의 간격이 필요해요.

08　180℃로 예열된 오븐에 8~11분 구워 주세요(구운 뒤 팬에서 5~10분 기다린 뒤 옮겨 주세요).

　　　TIP 테두리가 갈색이 될 때까지 구워 주세요.

PART 2
호야 아메리칸 쿠키

American Chunk Cookie
아메리칸 청크 쿠키

아메리칸 청크 쿠키

가장 기본적인 아메리칸 쿠키로 쫀득쫀득한 식감과 초콜릿의 달콤함을 느낄 수 있습니다. 설탕 양을 조절하여 원하는 쫀득함을 만들어 보세요.

Ingredient

12개 분량

무염버터 110g, 백설탕 50g, 흑설탕 160g, 소금 1g, 상온 달걀 55g, 바닐라 익스트랙 3g

가루 재료 | 박력분 200g, 베이킹파우더 2g

충전물 | 다크 커버처 코인 초콜릿150g

토핑 재료 | 초코 청크 20g

Preparation

01 모든 재료는 1시간 정도 실온에 두어 차갑지 않게 해 주세요.

02 오븐은 미리 20℃ 높게 예열해 주세요.

01 무염버터를 40℃까지 녹여 주세요.

02 백설탕, 흑설탕, 소금, 바닐라 익스트랙을 넣고 가볍게 5~10회 섞어 주세요.

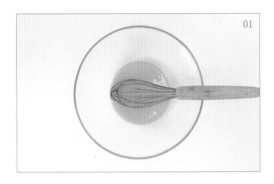

03 상온 달걀을 넣고 매끄러워질 때까지 20회 정도 잘 섞어 주세요.

    TIP 달걀이 차가우면 분리가 되니 차가우면 30℃까지 중탕하여 사용해 주세요.

04 거품기를 제거하고 가루 재료를 체 쳐 넣고 한 덩이의 반죽이 되도록 섞어 주세요.

05 가루 재료가 잘 섞이면 다크 커버처 코인 초콜릿을 넣고 잘 섞어 주세요.

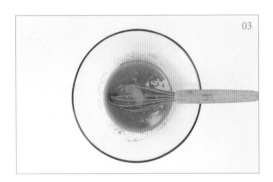

06 휴지 비닐팩에 담아 얇게 펼쳐 냉장고에서 30분 휴지해 주세요.

휴지
30분
냉장실

07 60g씩 분할해 동그랗게 성형한 후 살짝 눌러 패닝해 주고 초코칩을 올려 주세요.
TIP 많이 퍼지기 때문에 간격이 3~5cm 이상 넉넉하게 필요해요.

08 컨벡션 오븐 170℃에 10분간 구워 주고 팬째로 충분하게 식힌 뒤 옮겨 주세요.
TIP 가장자리는 단단하고 가운데는 말랑한 정도까지 구워 주세요.

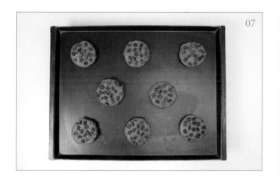

m&m Double Chocolate Cookie
m&m 더블 초콜릿 쿠키

m&m 더블 초콜릿 쿠키

알록달록한 m&m 초콜릿을 사용한 쿠키입니다. 부드러운 초콜릿 쿠키 반죽에 화이트 초콜릿과 다크 초콜릿을 사용하여 진한 초콜릿의 풍미를 느낄 수 있습니다. 서로 다른 색의 m&m 초콜릿을 사용하여 예쁘게 장식해 보세요.

Ingredient

[10개 분량]

무염버터 105g, 황설탕 50g, 흑설탕 80g, 소금 1g, 상온 달걀 55g, 바닐라 익스트랙 3g

가루 재료 | 중력분 145g, 코코아 분말 20g, 베이킹소다 2g

충전물 | 다크 커버처 코인 초콜릿 75g, 화이트 커버처 코인 초콜릿 75g

토핑 재료 | m&m 초코볼 60개

Preparation

01 모든 재료는 1시간 정도 실온에 두어 차갑지 않게 해 주세요.

02 오븐은 미리 20℃ 높게 예열해 주세요.

01 거품기로 말랑한 상태의 무염버터를 부드럽게 풀어 주세요.

02 황설탕, 흑설탕, 소금, 바닐라 익스트랙을 넣고 가볍게 5~10회 섞어 주세요.

03 상온 달걀을 3회에 나누어 넣고 매끄러워질 때까지 약 20회씩 잘 섞어 주세요.

TIP 달걀이 차가우면 분리가 되니 차가우면 30℃까지 중탕하여 사용해 주세요.

04 거품기를 제거하고 가루 재료를 체 쳐 넣고 가루가 살짝 남을 때까지 섞어 주세요.

05 다크 커버처 코인 초콜릿, 화이트 커버처 코인 초콜릿을 넣고 잘 섞어 주세요.

 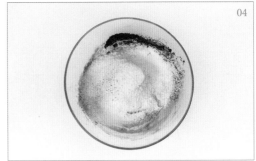

06 **휴지** 비닐팩에 담아 얇게 펼쳐 냉장고에서 30분 휴지해 주세요.

TIP 휴지 시간은 최소 30분에서 24시간까지 가능해요. 얇게 눌러 휴지를 해야 균일하고 휴지 속도도 빨라요

07 60g씩 분할해 동그랗게 성형한 후 살짝 눌러 패닝해 주고 m&m 초코볼을 6개씩 올려 주세요.

08 컨벡션 오븐 170℃에 10분간 구워 주고 쿠키는 팬째로 충분하게 식힌 뒤 옮겨 주세요.

TIP 가장자리는 단단하고 가운데는 말랑한 정도까지 구워 주세요.

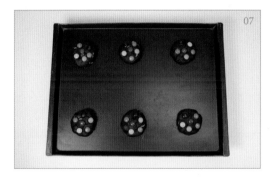 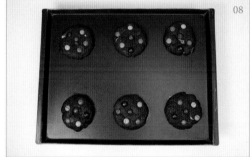

Levain Cookie

르뱅 쿠키

르뱅 쿠키

뉴욕의 르뱅 베이커리에서 만들어져 유명해진 쿠키입니다. 설탕 양을 줄여 한국인의 입맛에 맞춘 레시피입니다. 오리지널 르뱅 쿠키의 맛이 궁금하다면 레시피 설탕 양을 3배로 늘려 주세요.

Ingredient

7개 분량

무염버터 100g, 백설탕 60g, 흑설탕 55g, 소금 1g, 상온 달걀 55g

가루 재료 | 중력분 150g, 베이킹파우더 2g, 베이킹소다 2g

충전물 | 다크 커버처 코인 초콜릿 160g, 호두 반태 140g

Preparation

01 모든 재료는 1시간 정도 실온에 두어 차갑지 않게 해 주세요.

02 오븐은 미리 20℃ 높게 예열해 주세요.

03 호두는 따뜻한 물에 3~4번 씻어 오븐에 바삭하게 구워 준비해 주세요.

— How to Make —

01 거품기로 말랑한 상태의 무염버터를 부드럽게 풀어 주세요.

02 백설탕, 흑설탕, 소금을 넣고 가볍게 5~10회 섞어 주세요.

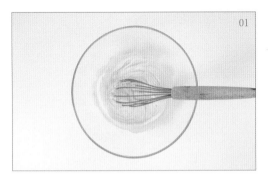

03 상온 달걀을 3회에 나누어 넣고 매끄러워질 때까지 약 20회씩 잘 섞어 주세요.

　　TIP 달걀이 차가우면 분리가 되니 차가우면 30℃까지 중탕하여 사용해 주세요.

04 거품기를 제거하고 가루 재료를 체 쳐 넣고 가루가 안 보일 때까지 섞어 주세요.

　　TIP 큰 견과류가 들어가는 쿠키는 견과류 사이에 밀가루가 끼어 익지 않을 수 있으니 잘 섞어 주세요.

05 다크 커버처 코인 초콜릿과 호두 반태를 넣고 잘 섞어 주세요.

06 휴지 비닐팩에 담아 얇게 펼쳐 냉장고에서 30분 휴지해 주세요.

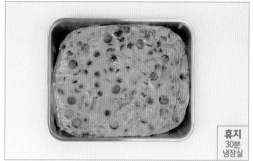

휴지
30분
냉장실

07 100g씩 분할해 동그랗게 성형한 후 살짝 눌러 패닝해 주고 컨벡션 오븐 200℃에 10분간 구워 주세요.
　　　TIP 가장자리는 단단하고 가운데는 말랑한 정도까지 노릇하게 구워 주세요.

08 구워진 쿠키는 팬째로 충분하게 식힌 뒤 옮겨 주세요.

Levain Black Smore Cookie
르뱅 블랙 스모어 쿠키

르뱅 블랙 스모어 쿠키

르뱅 쿠키에 마시멜로를 두툼하게 얹은 쿠키입니다. 르뱅 쿠키에 코코아 분말을 더해 다크한 풍미를 한껏 끌어 올렸습니다. 다크한 풍미와 달콤한 마시멜로의 조화를 느껴 보세요.

Ingredient

7개 분량

무염버터 100g, 황설탕 60g, 흑설탕 55g, 소금 1g, 상온 달걀 55g

가루 재료 | 중력분 125g, 코코아 분말 22g, 베이킹파우더 2g, 베이킹소다 2g

충전물 | 밀크 커버처 코인 초콜릿 160g, 피칸 반태 140g

토핑 재료 | 마시멜로 8~10g짜리 7개

Preparation

01 모든 재료는 1시간 정도 실온에 두어 차갑지 않게 해 주세요.

02 오븐은 미리 20℃ 높게 예열해 주세요.(4판 이상은 30℃ 높게 예열해 주세요.)

03 피칸은 오븐에 바삭하게 구워 준비해 주세요.

01 거품기로 말랑한 상태의 무염버터를 부드럽게 풀어 주세요.

02 황설탕, 흑설탕, 소금, 바닐라 익스트랙을 넣고 가볍게 5~10회 섞어 주세요.

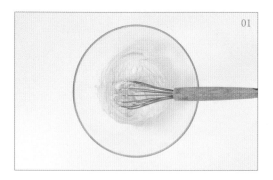 

03 상온 달걀을 3회에 나누어 넣고 매끄러워질 때까지 약 20회씩 잘 섞어 주세요.

　　TIP 달걀이 차가우면 분리가 되니 차가우면 30℃까지 중탕하여 사용해 주세요.

04 거품기를 제거하고 가루 재료를 체 쳐 넣고 가루가 안 보일 때까지 섞어 주세요.

　　TIP 큰 견과류가 들어가는 쿠키는 견과류 사이에 밀가루가 끼어 익지 않을 수 있으니 잘 섞어 주세요.

05 밀크 커버처 코인 초콜릿과 구운 피칸을 약 1cm 미만으로 잘게 다져 넣고 잘 섞어 주세요.

　　TIP 피칸과 초콜릿을 너무 크게 넣으면 반죽의 구조력이 약해서 구울 때 모양이 균일하게 나오지 않아요.

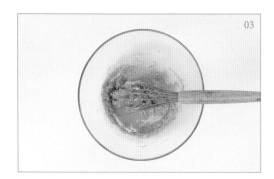 

06 휴지 비닐팩에 담아 얇게 펼쳐 냉장고에서 30분 휴지해 주세요.

휴지
30분
냉장실

07 100g씩 분할해 마시멜로를 넣고 동그랗게 성형한 후 살짝 눌러 패닝해 주세요.

08 컨벡션 오븐 200℃에 10분간 구워 준 다음 팬째 충분하게 식힌 뒤 옮겨 주세요.

TIP 가장자리는 단단하고 가운데는 말랑한 정도까지 구워 주세요.

Dulcey Pecan Cookie
둘세 피칸 쿠키

둘세 피칸 쿠키

진한 풍미의 둘세 초콜릿과 피칸은 정말 잘 어울리는 재료입니다. 둘의 환상적인 조화를 느껴 보세요.

Ingredient

6개 분량

무염버터 96g, 황설탕 58g, 흑설탕 108g, 소금 1g, 상온 달걀 46g,
바닐라 익스트랙 2g

가루 재료 | 박력분 150g, 베이킹파우더 2g

충전물 | 둘세 초콜릿 80g, 피칸 반태 80g

토핑 재료 | 구운 피칸 반태 12~15개, 둘세 초콜릿 약 12개

Preparation

01   모든 재료는 1시간 정도 실온에 두어 차갑지 않게 해 주세요.

02   오븐은 미리 20℃ 높게 예열해 주세요.

03   사용하는 피칸은 오븐에 바삭하게 구워 준비해 주세요.

— How to Make —

01 무염버터를 약 40℃까지 녹여 주세요.

02 황설탕, 흑설탕, 소금, 바닐라 익스트랙을 넣고 가볍게 5~10회 섞어 주세요.

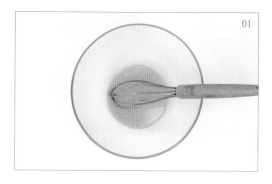 

03 상온 달걀을 넣고 매끄러워질 때까지 20회 정도 잘 섞어 주세요.

　　TIP 달걀이 차가우면 분리가 되니 차가우면 30℃까지 중탕하여 사용해 주세요.

04 거품기를 제거하고 박력분, 베이킹파우더를 체 쳐 넣고 한 덩이의 반죽이 되도록 섞어 주세요.

05 둘세 초콜릿과 구운 피칸을 약 1cm 미만으로 잘게 다져 넣고 잘 섞어 주세요.

　　TIP 피칸, 초콜릿을 너무 크게 넣으면 구울 때 모양이 균일하게 나오지 않아요.

06 휴지 비닐팩에 담아 얇게 펼쳐 냉장고에서 30분 휴지해 주세요.

07 100g씩 분할해 동그랗게 성형한 후 살짝 눌러 패닝해 주고 컨벡션 오븐 170℃에 14분간 구워 주세요.

08 구워진 쿠키는 팬째로 뜨거울 때 피칸을 꽂아 주고 30℃까지 식힌 다음 둘세 초콜릿을 올려 주세요.

TIP 피칸은 뜨거울 때 꽂아야 고정이 잘 되고, 초콜릿은 30℃ 전후로 올려야 살짝 녹았다가 쿠키에 잘 붙어요.

Matcha Fig Cookie
말차 무화과 쿠키

말차 무화과 쿠키

쌉싸름하지만 부드러운 말차와 달콤한 무화과의 조화가 좋은 쿠키입니다. 말차 대신 녹차를 사용한다면 1.5배 양을 넣어 주세요.

Ingredient

무화과 전처리 | 무화과 100g, 바카디 10g

6개 분량

무염버터 100g, 설탕 46g, 마스코바도 100g, 소금 1g, 상온 달걀 55g, 바닐라 익스트랙 3g

가루 재료 | 박력분 145g, 말차 분말 12g, 베이킹소다 2g

충전물 | 밀크 커버처 코인 초콜릿 40g, 무화과 절임 110g

Preparation

01 모든 재료는 1시간 정도 실온에 두어 차갑지 않게 해 주세요.

02 오븐은 미리 20℃ 높게 예열해 주세요.

무화과 전처리

01 무화과 꼭지를 제거해 주세요.

02 0.5cm 크기로 잘라 주세요.

03 바카디를 넣고 잘 섞어 주세요.

04 밀봉해 1일 이상 숙성해 주세요.
TIP 3일 이상 실온에서 숙성하고 냉장 보관해서 사용하면 더욱 맛있어요.

01 무염버터를 약 40℃까지 녹여 주세요.

02 백설탕, 마스코바도, 소금, 바닐라 익스트랙을 넣고 가볍게 5~10회 섞어 주세요.

03 상온 달걀을 넣고 매끄러워질 때까지 20회 정도 잘 섞어 주세요.

04 거품기를 제거하고 박력분, 말차 분말, 베이킹소다를 체 쳐 넣고 한 덩이의 반죽이 되도록 섞어 주세요.

05 밀크 커버처 코인 초콜릿을 약 1cm 미만으로 잘게 다져 넣고 전처리한 무화과를 넣어 잘 섞어 주세요.

TIP 충전물을 너무 크게 넣으면 구울 때 모양이 균일하게 나오지 않아요.

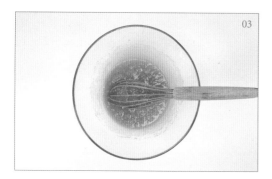
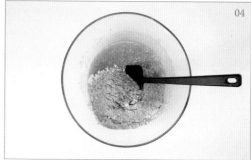

06 휴지 비닐팩에 담아 얇게 펼쳐 냉장고에서 30분 휴지해 주세요.

휴지
30분
냉장실

07 100g씩 분할해 동그랗게 성형한 후 살짝 눌러 패닝해 주고 컨벡션 오븐 170℃에 14분간 구워 주세요.

08 구워진 쿠키는 팬째로 충분하게 식힌 뒤 옮겨 주세요.

Vanilla Ganache Cookie
바닐라 가나슈 쿠키

바닐라 가나슈 쿠키

바닐라빈 쿠키에 바닐라 가나슈를 가득 넣은 쿠키로 차갑게 먹으면 진한 바닐라 아이스크림 맛을 느낄 수 있습니다. 인공향료보다 천연 바닐라빈을 사용하는 것을 추천합니다.

Ingredient

6개 분량

무염버터 130g, 바닐라빈 1/4개, 황설탕 65g, 흑설탕 65g, 소금 1g, 상온 달걀 55g

가루 재료 | 중력분 225g, 베이킹소다 2g

바닐라 가나슈 재료 | 화이트 커버처 코인 초콜릿 150g, 바닐라빈 3/4개, 생크림 70g

Preparation

01 모든 재료는 1시간 정도 실온에 두어 차갑지 않게 해 주세요.

02 오븐은 미리 20℃ 높게 예열해 주세요.

─ How to Make ─

01 거품기로 말랑한 상태의 무염버터와 바닐라빈 씨를 부드럽게 풀어 주세요.

02 황설탕, 흑설탕, 소금을 넣고 가볍게 5~10회 섞어 주세요.

03 상온 달걀을 3회에 나누어 넣고 매끄러워질 때까지 약 20회씩 잘 섞어 주세요.

04 거품기를 제거하고 박력분, 베이킹소다를 체 쳐 넣고 가루가 안 보일 때까지 섞어 주세요.

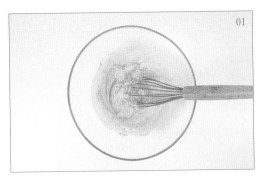

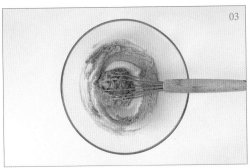

05 휴지 비닐팩에 담아 얇게 펼쳐 냉장고에서 30분 휴지해 주세요.

TIP 휴지 시간은 최소 30분에서 24시간까지 가능하고 얇게 눌러 휴지를 해야 균일하고 휴지 속도도 빨라요.

휴지
30분
냉장실

06 90g씩 분할해 동그랗게 성형한 후 가운데를 눌러 주며 사이드는 높게 지름 8cm 크기로 패닝해 주세요.

07 컨벡션 오븐 170℃에 14분간 노릇하게 구워 주고 나오자마자 뜨거울 때 숟가락으로 가운데를 한 번 더 눌러 주세요.

TIP 쿠키가 뜨거울 때 숟가락으로 눌러 주어야 쿠키가 부서지지 않아요.

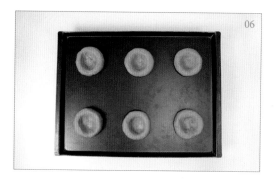 

08 생크림에 바닐라빈 포드에서 씨를 긁어 넣고 포드도 같이 넣어 70~80℃까지 데워 주세요.

09 생크림 볼에 래핑하여 바닐라빈의 향을 우린 뒤 40℃까지 식히고 체에 걸러 주세요.

TIP 체에 걸러야 바닐라빈의 섬유질이 걸러져요.

10 화이트 커버추어 코인 초콜릿을 40℃로 녹여 주고 바닐라 생크림과 잘 섞어 주세요.

TIP 공기가 들어가지 않도록 살살 저어 유화시켜 사용해 주세요.

11 쿠키 가운데에 바닐라 가나슈를 32g 채우고 옮겨 주세요.

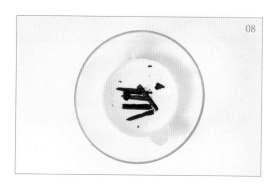 

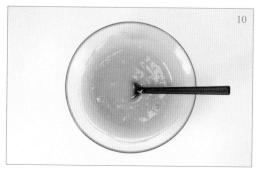 

6 Kinds Of Grain Cookie
6가지 곡물 쿠키

6가지 곡물 쿠키

오트밀, 피칸, 흰깨 등 6가지 곡물과 견과류를 듬뿍 넣어 고소한 맛이 매력적인 곡물 쿠키입니다. 견과류와 곡물을 자유롭게 변경하여 취향에 맞는 쿠키를 만들어 보세요.

Ingredient

6개 분량

무염버터 100g, 백설탕 50g, 마스코바도 80g, 소금 1g, 바닐라 익스트랙 3g, 상온 달걀 55g

가루 재료 | 박력분 130g, 베이킹소다 3g

충전물 | 밀크 커버처 코인 초콜릿 90g, 오트밀 18g, 호박씨 18g, 해바라기씨 18g, 아몬드 18g, 흰깨 18g, 피칸 반태 18g

토핑 재료 | 오트밀 18g, 호박씨 18g, 해바라기씨 18g, 아몬드 18g, 흰깨 18g, 피칸 반태 18g

— How to Make —

01 거품기로 말랑한 상태의 무염버터를 부드럽게 풀어 주세요.

02 백설탕, 마스코바도, 소금, 바닐라 익스트랙을 넣고 가볍게 5~10회 섞어 주세요.

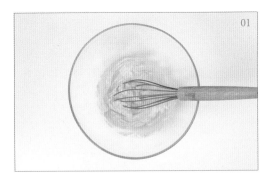 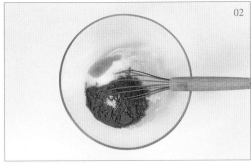

03 상온 달걀을 3회에 나누어 넣고 매끄러워질 때까지 약 20회씩 잘 섞어 주세요.

　　　TIP 달걀이 차가우면 분리가 되니 차가우면 30℃까지 중탕하여 사용해 주세요.

04 거품기를 제거하고 가루 재료를 체 쳐 넣고 가루가 살짝 남을 때까지 섞어 주세요.

05 밀크 커버처 코인 초콜릿과 6가지 곡물을 넣고 잘 섞어 주세요.

06 휴지 비닐팩에 담아 얇게 펼쳐 냉장고에서 30분 휴지해 주세요.

　　TIP 휴지 시간은 최소 30분에서 24시간까지 가능하고 얇게 눌러 휴지를 해야 균일하고 휴지 속도도 빨라요.

07 100g씩 분할해 동그랗게 성형한 후 쿠키 윗면에 6가지 곡물을 18g씩 찍어 지름 8cm 크기로 패닝해 주고 컨벡션 오븐 170℃에 14분간 노릇하게 구워 주세요.

　　TIP 많이 퍼지기 때문에 간격이 3~5cm 이상 넉넉하게 필요해요.

08 구워진 쿠키는 팬째로 충분하게 식힌 뒤 옮겨 주세요.

Peanut Butter Raspberry Cookie
피넛버터 라즈베리 쿠키

피넛버터 라즈베리 쿠키

고소한 땅콩버터와 상큼한 라
즈베리잼이 조화로운 쿠키입
니다. 라즈베리잼은 직접 만드
는 게 가장 맛있으나 기성 제
품을 사용해도 좋습니다.

Ingredient

라즈베리잼(약 200g) | 라즈베리 150g, 설탕 120g, 레몬즙 15g

6개 분량

무염버터 100g, 땅콩버터 30g, 황설탕 130g, 상온 달걀 55g

가루 재료 | 중력분 200g, 베이킹파우더 2g, 베이킹소다 2g

충전물 | 피넛버터 칩 80g

Preparation

01 모든 재료는 1시간 정도 실
온에 두어 차갑지 않게 해
주세요.

02 오븐은 미리 20℃ 높게 예
열해 주세요.

라즈베리잼

01 라즈베리와 설탕을 섞어 실온에 1시간 혹은 전날 냉장고에서 해동시켜 주세요.

02 끓이기 전에 전처리하면 설탕의 삼투압 작용으로 라즈베리에 수분을 끌어내 끓이기가 수월해져요.

03 농도를 보면서 중불로 끓여 주다가 90% 정도 끓였을 때 레몬즙을 넣고 다시 한 번 끓여 수분을 날려
주세요.

TIP 차가운 물에 잼을 떨어트렸을 때 풀어지지 않아야 해요.

04 넓은 그릇에 옮기고 마르거나 습기가 차지 않도록 밀착 래핑하여 식혀 주세요.

TIP 완성된 잼은 85g의 수분이 날아가서 200g 전후로 완성돼요.

— How to Make —

01 거품기로 말랑한 상태의 무염버터를 부드럽게 풀어 주세요.

02 황설탕을 넣고 가볍게 5~10회 섞어 주세요.

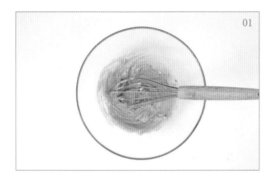 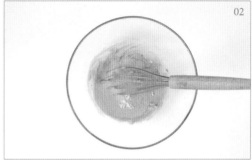

03 상온 달걀을 3회에 나누어 넣고 매끄러워질 때까지 약 20회씩 잘 섞어 주세요.

04 거품기를 제거하고 가루 재료를 체 쳐 넣고 가루가 살짝 남을 때까지 섞어 주세요.

05 피넛버터 칩을 넣고 가루가 안 보일 때까지 잘 섞어 주세요.

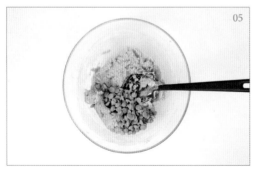

06 휴지 비닐팩에 담아 얇게 펼쳐 냉장고에서 30분 휴지해 주세요.

휴지
30분
냉장실

07 100g씩 분할해 주고 라즈베리잼을 약 33g씩 채워 동그랗게 성형한 후 패닝해 주세요.

TIP 라즈베리잼을 넣기 어렵다면 약 33g씩 얼려서 성형해 주세요.

08 컨벡션 오븐 170℃에 14분간 노릇하게 구워 주세요.

Yellow Cheese Pretzel Cookie
황치즈 프레첼 쿠키

황치즈 프레첼 쿠키

단짠단짠 황치즈맛의 쿠키에 매력적인 프레첼 크림치즈까지 들어 있는 푸짐한 치즈쿠키입니다. 프레첼을 빼고 크림치즈에 황치즈를 섞어 만들면 더욱 진한 맛의 치즈 쿠키를 만들 수 있습니다.

Ingredient

7개 분량

무염버터 120g, 황설탕 120g, 연유 20g, 소금 1g, 상온 달걀 55g

가루 재료 | 중력분 200g, 황치즈 분말 30g, 베이킹파우더 3g

충전물 | 화이트 커버처 코인 초콜릿 90g

속재료 | 프레첼 크림치즈(크림치즈 300g, 슈가파우더 40g, 프레첼 20g)

Preparation

01 모든 재료는 1시간 정도 실온에 두어 차갑지 않게 해 주세요.

02 오븐은 미리 20℃ 높게 예열해 주세요.

프레첼 크림치즈

01 크림치즈를 부드럽게 풀고 슈가파우더를 섞어 주세요.

02 프레첼을 잘게 부셔 넣어 주세요.

03 프레첼을 잘 섞어 주세요.

04 지름 5.4cm 스쿱을 사용해 패닝 후 냉장고에서 20분간 굳혀 주세요.

01 무염버터를 약 40℃까지 녹여 주세요.

02 황설탕, 연유, 소금을 넣고 가볍게 5~10회 섞어 주세요.

03 상온 달걀을 넣고 매끄러워질 때까지 20회 정도 잘 섞어 주세요.

　　TIP 달걀이 차가우면 분리가 되니 차가우면 30℃까지 중탕하여 사용해 주세요.

04 거품기를 제거하고 가루 재료를 체 쳐 넣고 가루가 살짝 남을 때까지 섞어 주세요.

05 화이트 커버처 코인 초콜릿을 넣고 잘 섞어 주세요.

06 휴지 비닐팩에 담아 얇게 펼쳐 냉장고에서 30분 휴지해 주세요.

휴지
30분
냉장실

07 90g씩 분할해 크림치즈 속을 넣고 윗면에 2cm 정도 남기고 동그랗게 성형한 후 살짝 눌러 패닝해 주고 가운데에 프레첼 과자를 올려 주세요.

08 컨벡션 오븐 170℃에 20분간 구워 주세요.
TIP 크림치즈는 수분감이 많아서 충분하게 구워야 눅눅해지지 않고 쫀득한 쿠키가 만들어져요.

Black Sugar Cashew Nut Cookie
흑당 캐슈넛 쿠키

흑당 캐슈넛 쿠키

초코 쿠키 위에 흑당 캐슈넛을 듬뿍 올려 고급스러운 맛을 느낄 수 있는 쿠키입니다. 캐슈넛이 아닌 다른 견과류를 사용해서 만들어도 좋습니다.

Ingredient

6개 분량

무염버터 105g, 황설탕 30g, 흑설탕 105g, 소금 1g, 상온 달걀 55g, 바닐라 익스트랙 3g

가루 재료 | 박력분 180g, 베이킹파우더 2g, 베이킹소다 2g

충전물 | 밀크 커버처 코인 초콜릿 130g

토핑 재료 | 흑당 캐슈넛(캐슈넛 150g, 흑설탕 75g, 생크림 50g, 소금 2g)

Preparation

01 모든 재료는 1시간 정도 실온에 두어 차갑지 않게 해 주세요.

02 오븐은 미리 20℃ 높게 예열해 주세요.

— How to Make —

01 무염버터를 40℃까지 녹여 주세요.

02 황설탕, 흑설탕, 소금, 바닐라 익스트랙을 넣고 가볍게 5~10회 섞어 주세요.

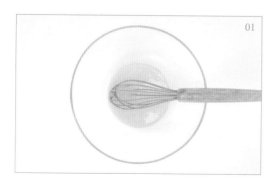

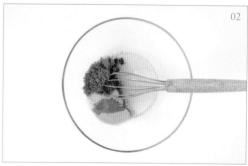

03 상온 달걀을 넣고 매끄러워질 때까지 20회 정도 잘 섞어 주세요.

　　TIP 달걀이 차가우면 분리가 되니 차가우면 30℃까지 중탕하여 사용해 주세요.

04 거품기를 제거하고 박력분, 베이킹파우더를 체 쳐 넣고 한 덩이의 반죽이 되도록 섞어 주세요.

05 밀크 커버처 코인 초콜릿을 넣고 섞어 주세요.

06 　휴지　비닐팩에 담아 얇게 펼쳐 냉장고에서 30분 휴지해 주세요.

07 100g씩 분할해 동그랗게 성형한 후 가운데를 눌러 주며 사이드는 높게 지름 8cm 크기로 패닝해 주세요.

08 컨벡션 오븐 170℃에 14분간 노릇하게 구워 주고 나오자마자 뜨거울 때 숟가락으로 가운데를 한 번 더 눌러 주고 팬째로 충분하게 식혀 주세요.

    TIP 쿠키가 뜨거울 때 숟가락으로 눌러 주어야 쿠키가 부서지지 않아요.

09 냄비에 강불로 흑설탕, 생크림, 소금을 넣고 바글바글 끓여 주세요.

10 캐슈넛을 넣고 잘 섞어 주세요.

11 중불로 줄여 약 3분 정도 수분을 천천히 날려 가며 볶아 주세요.

12 걸쭉해지면 불을 끄고 약 41g씩 쿠키 위에 모양을 잡으며 올려 주세요.

    TIP 토핑을 올릴 때는 실리콘 주걱과 숟가락을 같이 사용하면 좋아요.

Corn Cream Cheese Cookie
콘 크림치즈 쿠키

콘 크림치즈 쿠키

고소한 옥수수 쿠키에 콘 크림 치즈가 들어간 매력적인 쿠키 입니다. 전자레인지에 15초 데 워 따뜻하게 먹으면 더욱 진한 풍미를 느낄 수 있습니다.

Ingredient

6개 분량

무염버터 130g, 황설탕 130g, 소금 1g, 상온 달걀 55g

가루 재료 | 박력분 180g, 옥수수 분말 35g, 베이킹파우더 3g, 베이킹소다 2g

충전물 | 콘 시리얼 70g

속재료 | 콘 크림치즈(크림치즈 200g, 옥수수콘 50g, 황치즈 분말 25g, 슈가파우더 30g)

토핑 재료 | 파마산 치즈 가루 소량

Preparation

01 모든 재료는 1시간 정도 실온에 두어 차갑지 않게 해 주세요.

02 오븐은 미리 20℃ 높게 예열해 주세요.

콘 크림치즈

01 크림치즈를 부드럽게 풀어 주 세요.

02 슈가파우더, 황치즈 분말을 섞 어 주세요.

03 옥수수콘을 넣고 잘 섞어 주세요.

04 지름 5.4cm 스쿱을 사용해 패 닝 후 냉장고에서 20분간 굳혔 다가 사용해 주세요.

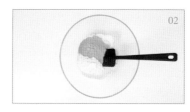

— How to Make —

01 거품기로 말랑한 상태의 무염버터를 부드럽게 풀어 주세요.

02 황설탕, 소금을 넣고 가볍게 5~10회 섞어 주세요.

TIP 오래 섞으면 설탕이 녹아 쿠키가 많이 퍼지고 크랙이 형성되지 않아요.

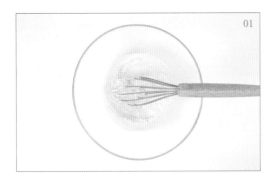 

03 상온 달걀을 3회에 나누어 넣고 매끄러워질 때까지 약 20회씩 잘 섞어 주세요.

TIP 달걀이 차가우면 분리가 되니 차가우면 30℃까지 중탕하여 사용해 주세요.

04 거품기를 제거하고 박력분, 옥수수 분말, 베이킹파우더, 베이킹소다를 체 쳐 넣고 가루가 살짝 남을 때까지 섞어 주세요.

05 밀가루가 거의 다 섞이면 콘 시리얼을 넣고 잘 섞어 주세요.

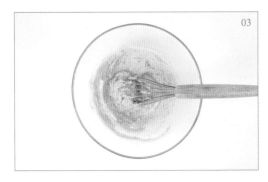 

06 휴지 비닐팩에 담아 얇게 펼쳐 냉장고에서 30분 휴지해 주세요.

휴지
30분
냉장실

07 100g씩 분할해 크림치즈 속을 넣고 윗면에 2cm 정도 남기고 동그랗게 성형한 후 살짝 눌러 패닝해 주세요. 컨벡션 오븐 170℃에 20분간 구워 주세요.

08 구워진 쿠키는 팬째로 충분하게 식히고 파마산 치즈 가루를 살짝 뿌린 뒤 옮겨 주세요.

Chocolate Churros Cookie
초코 츄러스 쿠키

초코 츄러스 쿠키

초코 츄러스의 맛을 표현한 부드러운 식감의 초코 쿠키로 시나몬과 코코아의 조화로움을 느낄 수 있습니다. 따뜻한 커피나 우유와 함께 먹는 걸 추천합니다.

Ingredient

7개 분량

무염버터 120g, 황설탕 40g, 흑설탕 100g, 소금 1g, 상온 달걀 55g

가루 재료 | 중력분 145g, 코코아 분말 20g, 시나몬 파우더 2g, 베이킹소다 2g

충전물 | 밀크 커버처 코인 초콜릿 150g

토핑 재료 | 시나몬 설탕(설탕 150g, 시나몬 파우더 3g)

Preparation

01   모든 재료는 1시간 정도 실온에 두어 차갑지 않게 해 주세요.

02   오븐은 미리 20℃ 높게 예열해 주세요.

— How to Make —

01 무염버터를 40℃까지 녹여 주고 황설탕, 흑설탕, 소금을 넣고 가볍게 5~10회 섞어 주세요.

02 상온 달걀을 넣고 매끄러워질 때까지 20회 정도 잘 섞어 주세요.

03 거품기를 제거하고 가루 재료를 체 쳐 넣고 가루가 살짝 남을 때까지 섞어 주세요.

04 밀크 커버처 코인 초콜릿을 넣어 주세요.

05 가루가 보이지 않고 충전물을 고르게 섞어 주세요.

휴지 비닐팩에 담아 얇게 펼쳐 냉장고에서 30분 휴지해 주세요.

휴지
30분
냉장실

06 설탕에 시나몬 파우더를 넣어 주세요.

07 설탕과 시나몬 파우더를 잘 섞어 주세요.

08 90g씩 분할해 동그랗게 성형한 후 지름 8cm 정도로 살짝 눌러 시나몬 설탕을 묻혀 패닝해 주세요.

09 컨벡션 오븐 170℃에 14분간 구워 주세요.

  TIP 가장자리는 단단하고 가운데는 말랑한 정도까지 구워 주세요.

10 구워진 쿠키는 팬째로 충분하게 식히고 시나몬 설탕을 한 번 더 묻혀 주세요.

Coconut Kaya Jam Cookie
코코넛 카야잼 쿠키

코코넛 카야잼 쿠키

카야 토스트로 유명해진 카야
잼을 얹은 코코넛 쿠키입니다.
코코넛 특유의 식감과 부드러
운 잼의 맛을 느껴 보세요.

Ingredient

6개 분량

무염버터 140g, 백설탕 140g, 소금 1g, 상온 달걀 80g, 바닐라 익스트랙 3g

가루 재료 | 박력분 90g, 코코넛 분말 150g, 베이킹파우더 3g

토핑 재료 | 카야잼 180g, 롱코코넛 30g

Preparation

01 모든 재료는 1시간 정도 실온에 두어 차갑지 않게 해 주세요.

02 오븐은 미리 20℃ 높게 예열해 주세요.

— How to Make —

01 무염버터를 40℃까지 녹여 주세요.

02 백설탕, 소금, 바닐라 익스트랙을 넣고 가볍게 5~10회 섞어 주세요.

　　TIP 오래 섞으면 설탕이 녹아 쿠키가 많이 퍼지고 끈적해져요.

03 상온 달걀을 넣고 매끄러워질 때까지 20회 정도 잘 섞어 주세요.

　　TIP 달걀이 차가우면 분리가 되니 차가우면 30℃까지 중탕하여 사용해 주세요.

04 거품기를 제거하고 박력분, 코코넛 분말, 베이킹파우더를 체 쳐 넣어 주세요.

　　TIP 초반에는 질게 느껴지지만 코코넛 분말이 수분을 먹으면서 되직한 반죽이 만들어져요.

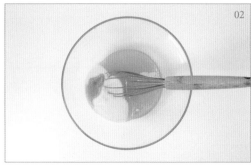

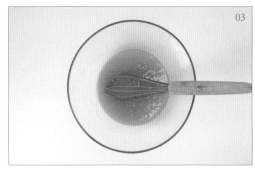

05 날가루가 안 보일 때까지 섞어 주세요.

휴지 비닐팩에 담아 얇게 펼쳐 냉장고에서 30분 휴지해 주세요.

　　TIP 휴지 시간은 최소 30분에서 24시간까지 가능하고 얇게 눌러 휴지를 해야 균일하고 휴지 속도도 빨라요.

146

06 100g씩 분할해 동그랗게 성형한 후 롱코코넛을 묻혀 주며 가운데를 눌러 사이드는 높게 지름 8cm 크기로 패닝해 주세요.

07 가운데에 카야잼을 30g씩 파이핑해 주세요.

08 컨벡션 오븐 170℃에 20분간 구워 주세요.

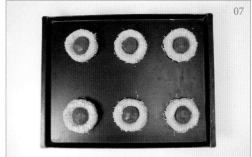

Oreo Cream Cheese Cookie
오레오 크림치즈 쿠키

오레오 크림치즈 쿠키

쿠키 반죽에 오레오 쿠키를 듬뿍 넣은 쿠키입니다. 속에 오레오 크림치즈를 가득 품고 있어 부드러움과 달콤함을 함께 느낄 수 있습니다.

Ingredient

6개 분량

무염버터 120g, 백설탕 145g, 소금 1g, 바닐라 익스트랙 3g, 상온 달걀 55g

가루 재료 | 중력분 200g, 베이킹파우더 2g, 베이킹소다 2g

충전물 | 오레오 쿠키 80g

속재료 | 오레오 크림치즈(크림치즈 220g, 슈가파우더 30g, 바닐라 익스트랙 3g, 오레오 쿠키 50g)

토핑 재료 | 오레오 쿠키 3개

Preparation

01 모든 재료는 1시간 정도 실온에 두어 차갑지 않게 해 주세요.

02 오븐은 미리 20℃ 높게 예열해 주세요.

오레오 크림치즈

01 크림치즈를 부드럽게 풀어 주고 슈가파우더를 섞어 주세요.

02 오레오 쿠키를 완전히 부셔 넣어 주세요.

03 오레오 쿠키를 잘 섞어 주세요.

04 지름 5.4cm 스쿱을 사용해 패닝 후 냉장고에서 20분간 굳혔다가 사용해 주세요.

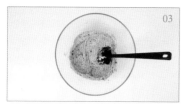

01 무염버터를 약 40℃까지 녹여 주세요.

02 백설탕, 소금, 바닐라 익스트랙을 넣고 가볍게 5~10회 섞어 주세요.

03 상온 달걀을 넣고 매끄러워질 때까지 20회 정도 잘 섞어 주세요.

04 거품기를 제거하고 가루 재료를 체 쳐 넣고 오레오 쿠키를 넣어 잘 섞어 주세요.

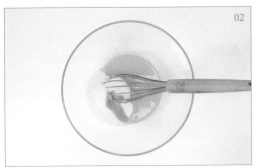

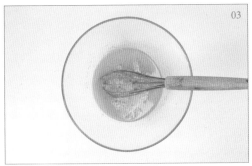

05 휴지 비닐팩에 담아 얇게 펼쳐 냉장고에서 30분 휴지해 주세요.

06 100g씩 분할해 크림치즈 속을 넣고 윗면에 2cm 정도 남기고 동그랗게 성형한 후 살짝 눌러 패닝해 주고 가운데에 오레오 쿠키 반쪽을 올려 주세요.

07 컨벡션 오븐 170℃에 20분간 구워 주세요.

TIP 크림치즈에 수분감이 많아서 충분하게 구워야 눅눅해지지 않고 쫀득한 쿠키가 만들어져요.

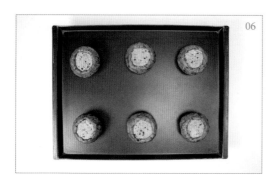

Chewy And Crispy Oatmeal, Butter Cookie
바삭 오트밀 쫀득 버터 쿠키

바삭 오트밀 쫀득 버터 쿠키

바삭바삭한 오트밀 크런치를 듬뿍 넣어 만든 쫀득 바삭한 버터 쿠키입니다. 오트밀을 흰깨나 다른 견과류로 바꿔서 만들면 색다른 매력의 쿠키를 만들 수 있습니다.

Ingredient

오트밀 크런치(210g) | 설탕 50g, 물엿 30g, 로스팅한 오트밀 130g

6개 분량

무염버터 100g, 백설탕 60g, 흑설탕 70g, 소금 1g,
상온 달걀 55g(특란 1개), 바닐라 익스트랙 3g

가루 재료 | 박력분 150g, 베이킹파우더 3g

충전물 | 오트밀 크런치 100g

Preparation

01 모든 재료는 1시간 정도 실온에 두어 차갑지 않게 해 주세요.

02 오븐은 미리 20℃ 높게 예열해 주세요.

03 오트밀은 미리 프라이팬이나 오븐에 노릇하고 바삭하게 구워 주세요.

오트밀 크런치

01 설탕, 물엿을 냄비에 넣고 중불로 끓여 주세요.

02 시럽이 바글바글 끓어오르면 오트밀을 넣어 주세요.

03 끈적끈적하게 서로 뭉쳐지는 느낌이 날 때까지 충분하게 볶아 주세요.

04 종이포일에 잘 펼쳐 식혀 주세요.

01 무염버터를 약 40℃까지 녹여 주세요.

02 백설탕, 흑설탕, 소금, 바닐라 익스트랙을 넣고 가볍게 5~10회 섞어 주세요.

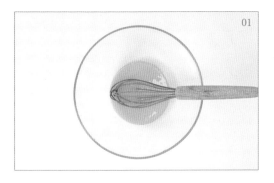 

03 상온 달걀을 넣고 매끄러워질 때까지 20회 정도 잘 섞어 주세요.

04 거품기를 제거하고 가루 재료를 체 쳐 넣고 가루가 보이지 않을 때까지 잘 섞어 주세요.

05 오트밀 크런치를 잘게 부셔 넣고 섞어 주세요.

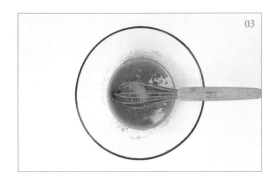 

06 휴지 비닐팩에 담아 얇게 펼쳐 냉장고에서 30분 휴지해 주세요.

    TIP 휴지 시간은 최소 30분에서 24시간까지 가능하고 얇게 눌러 휴지를 해야 균일하고 휴지 속도도 빨라요.

07 100g씩 분할해 동그랗게 성형한 후 오트밀 크런치를 찍고 살짝 눌러 패닝해 주세요.

08 컨벡션 오븐 170℃에 14분간 노릇하게 구워 주세요.

    TIP 구워진 쿠키는 팬째로 충분하게 식힌 뒤 옮겨 주세요.

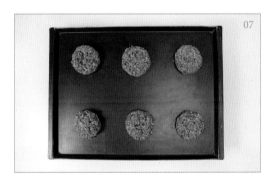 

Dirty Chocolate Nutella Cookie
더티 초코 누델라 쿠키

더티 초코 누텔라 쿠키

헤이즐넛과 초콜릿을 사용한 악마의 잼 누텔라를 블랙 쿠키에 가득 넣어 만든 초코 쿠키입니다. 차갑게 해서 먹으면 더욱 꾸덕꾸덕한 식감을 맛볼 수 있습니다.

Ingredient

6개 분량

무염버터 135g, 백설탕 35g, 흑설탕 100g, 소금 1g, 상온 달걀 55g

가루 재료 | 박력분 250g, 블랙 코코아 분말 30g, 베이킹파우더 3g, 베이킹소다 2g

충전물 | 누텔라 180g

Preparation

01 모든 재료는 1시간 정도 실온에 두어 차갑지 않게 해 주세요.

02 오븐은 미리 20℃ 높게 예열해 주세요.

01 누텔라는 4cm 스쿱(30g)을 사용해 분할해서 냉장고에서 20분간 굳혀 주세요.

02 무염버터를 약 40℃까지 녹여 주세요.

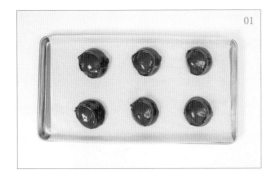

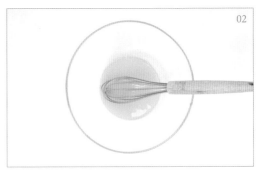

03 백설탕, 흑설탕, 소금, 바닐라 익스트랙을 넣고 가볍게 5~10회 섞어 주세요.

04 상온 달걀을 넣고 매끄러워질 때까지 20회 정도 잘 섞어 주세요.

05 거품기를 제거하고 박력분, 블랙 코코아 분말, 베이킹파우더, 베이킹소다를 체 쳐 넣고 가루가 보이지 않을 때까지 잘 섞어 주세요.

　TIP 너무 많이 섞으면 기름이 배어 나올 수 있으니 가루가 안 보일 정도만 섞어 주세요.

06 휴지 비닐팩에 담아 얇게 펼쳐 냉장고에서 30분 휴지해 주세요.

휴지
30분
냉장실

07 100g씩 분할해 누텔라를 감싸 주고 윗면에 2cm 정도 남게 동그랗게 성형한 후 살짝 눌러 패닝해 주세요.

08 컨벡션 오븐 170℃에 14분간 구워 주세요.

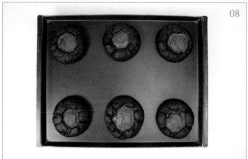

Rainbow Cream Cheese Sand Cookie
레인보 크림치즈 샌드 쿠키

레인보 크림치즈 샌드 쿠키

알록달록 예쁜 시리얼을 사용
한 레인보 쿠키에 크림치즈 프
로스팅을 샌드한 샌드 쿠키입
니다. 상큼한 레인보 시리얼과
달콤하고 부드러운 프로스팅
이 잘 어우러집니다.

Ingredient

| 6개 분량 |

무염버터 110g, 백설탕 180g, 소금 1g, 상온 달걀 55g, 바닐라 익스트랙 3g

가루 재료 | 박력분 200g, 베이킹파우더 2g

충전물 | 레인보 시리얼 60g

속재료 | 크림치즈 샌드크림(크림치즈 230g, 슈가파우더 75g,
바닐라 익스트랙 3g)

Preparation

01 모든 재료는 1시간 정도 실
온에 두어 차갑지 않게 해
주세요.

02 오븐은 미리 20℃ 높게 예
열해 주세요.

— How to Make —

01 무염버터를 약 40℃까지 녹여 주세요.

02 백설탕, 바닐라 익스트랙을 넣고 가볍게 5~10회 섞어 주세요.

03 상온 달걀을 넣고 매끄러워질 때까지 20회 정도 잘 섞어 주세요.

04 거품기를 제거하고 가루 재료를 체 쳐 넣고 가루가 보이지 않을 때까지 섞어 주세요.

05 가루 재료가 다 섞이면 레인보 시리얼을 넣고 잘 섞어 주세요.

06 휴지 비닐팩에 담아 얇게 펼쳐 냉장고에서 30분 휴지해 주세요.

휴지
30분
냉장실

07 50g씩 분할해 동그랗게 성형한 후 살짝 눌러 윗면에 레인보 시리얼을 듬뿍 찍어 주세요.

08 컨벡션 오븐 170℃에 9분간 구워 주세요.

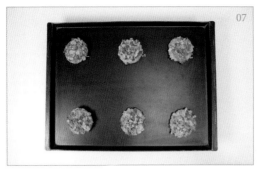

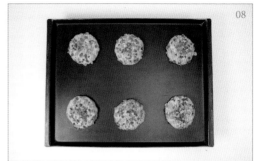

09 크림치즈를 부드럽게 풀어 주세요.

10 슈가파우더, 바닐라 익스트랙을 잘 섞어 주세요.

11 842번 별깍지를 사용해 50g씩 파이핑해 주세요.

12 남은 쿠키로 덮어 샌드해 주세요.

Stolen Cookie
슈톨렌 쿠키

슈톨렌 쿠키

크리스마스 하면 빼놓을 수 없는 독일식 케이크 슈톨렌을 쿠키로 만들었습니다. 커다란 슈톨렌이 부담스러웠다면 귀엽고 매력적인 슈톨렌 쿠키로 마음을 전해 보세요.

Ingredient

건조과일 전처리 | 건과일 믹스 100g, 청포도 설타나 30g, 크랜베리 30g, 아마레나 체리 30g, 럼주 10g, 바닐라 익스트랙 3g

6개 분량

슈톨렌 쿠키 | 무염버터 130g, 백설탕 50g, 흑설탕 100g, 소금 1g, 상온 달걀 55g

가루 재료 | 중력분 220g, 시나몬 파우더 2g, 슈톨렌 스파이스 1g, 베이킹파우더 3g, 베이킹소다 2g

충전물 | 호두 50g, 피칸 50g, 절인 과일 200g

아몬드 마지팬 | 아몬드 분말 90g, 슈가파우더 90g, 흰자 25g

토핑 재료 | ① 브라운 버터(무염버터 120g)
② 시나몬 설탕(설탕 100g, 계피 2g)
③ 슈가파우더 150g

건조과일 전처리

잘 섞어서 1일 이상 실온에 숙성 후 사용하세요.

TIP 실온 3일 숙성 후 냉장 숙성 1개월 이상 하면 맛이 더 좋아져요.

아몬드 마지팬

아몬드 분말, 슈가파우더에 흰자를 넣고 잘 섞어 한 덩이로 뭉쳐주고 35g씩 분할해 냉장고에 숙성시켜 주세요.

Preparation

01 모든 재료는 1시간 정도 실온에 두어 차갑지 않게 해 주세요.

02 오븐은 미리 20℃ 높게 예열해 주세요.

03 시나몬 설탕과 브라운 버터는 미리 준비해 주세요.

— How to Make —

01 냄비에 버터를 넣고 끓여 주세요.

02 진한 갈색이 될 때까지 태워 주세요.

03 고운체에 걸러 주세요.(사용 온도 35~40℃)

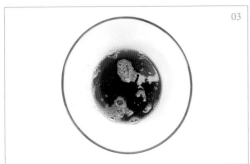

04 무염버터를 약 40℃까지 녹여 주고 백설탕, 흑설탕, 소금을 넣고 가볍게 5~10회 섞어 주세요.

05 상온 달걀을 넣고 매끄러워질 때까지 20회 정도 잘 섞어 주세요.

06 거품기를 제거하고 가루 재료를 체 쳐 넣고 가루가 보이지 않을 때까지 섞어 주세요.

07 건조과일 믹스와 견과류를 넣고 잘 섞어 주세요.

08 휴지 비닐팩에 담아 얇게 펼쳐 냉장고에서 30분 휴지해 주세요.

휴지
30분
냉장실

09 143g씩 분할해 마지팬을 넣고 동그랗게 성형한 후 살짝 눌러 패닝해 주세요.

10 컨벡션 오븐 170℃에 22분간 구워 주세요.

　　　TIP 가장자리는 단단하고 가운데는 말랑한 정도까지 구워 주세요.

11 구워진 쿠키는 팬째로 충분하게 식히고 따뜻하게 데운 브라운 버터 → 시나몬 설탕을 묻혀 차갑게 식혀 주세요.

12 슈거파우더를 듬뿍 묻혀 주고 래핑하여 1일 이상 숙성해 주세요.

TIP 슈톨렌 쿠키는 랩으로 밀봉하여 다음 날이나 2~3일 숙성 후에 먹는 게 가장 맛있어요.